直升机维护与应急维修研究

许国杰 主编

黑龙江科学技术出版社
HEILONGJIANG SCIENCE AND TECHNOLOGY PRESS

图书在版编目（ＣＩＰ）数据

直升机维护与应急维修研究 / 许国杰主编. -- 哈尔滨: 黑龙江科学技术出版社, 2021.9
　　ISBN 978-7-5719-1147-8

Ⅰ. ①直… Ⅱ. ①许… Ⅲ. ①直升机—维修—研究 Ⅳ. ①V275

中国版本图书馆 CIP 数据核字(2021)第 190649 号

直升机维护与应急维修研究
ZHISHENGJI WEIHU YU YINGJI WEIXIU YANJIU
许国杰　主编

责任编辑　王　姝
封面设计　佟　玉
出　　版　黑龙江科学技术出版社
　　　　　地址：哈尔滨市南岗区公安街 70-2 号　邮编：150007
　　　　　电话：（0451）53642106　传真：（0451）53642143
　　　　　网址：www.lkcbs.cn
发　　行　全国新华书店
印　　刷　哈尔滨午阳印刷有限公司
开　　本　787 mm×1092 mm　1/16
印　　张　8.75
字　　数　160 千字
版　　次　2021 年 9 月第 1 版
印　　次　2021 年 9 月第 1 次印刷
书　　号　ISBN 978-7-5719-1147-8
定　　价　49.80 元

前　言

　　直升机能够实现低空、低速飞行,具有侧飞、悬停、垂直起降等特点,又具有快速、灵活的机动性能,由于其特有的优势,现已得到了广泛的应用,并且在我国经济、军事等方面发挥着重要的作用。但由于直升机飞行高度低,飞行速度慢,旋翼展开面积大,复杂环境条件下容易与飞鸟、外界障碍物、沙石相撞造成故障,维护维修工作量大,如果故障直升机不加以维修就很可能成为报废直升机;而维修之后的直升机,可以再投入使用,依然具有巡航、救护、运输等能力。因此,加强对复杂环境条件下直升机的应急维修研究,提高直升机应急维修能力,是影响飞行安全以及任务完成的一个不可忽视的因素。

　　本书以直升机应急维修的基本概念和特点为切入点,研究了复杂环境条件下直升机应急维修的特点。结合 2015 年某航空公司直升机应急维修的实例,分析了项目管理理论中统筹法的基本概念和特点,提出了基于统筹法的直升机应急维修方法,从任务的分解分析、统筹图的绘制、统筹图的优化和统筹图的时间参数计算四个方面对该方法进行了分析;结合直升机应急维修的实例,研究了复杂环境条件下直升机应急维修资源(人力资源和物质资源)的优化问题。理论分析和实证研究表明统筹法能够很好地解决复杂环境条件下直升机的应急维修问题。根据以上研究结果,分析了直升机应急维修的配套建设问题,从操作层面论证了基于统筹法的直升机应急维修方法的可行性,并为实际工作提供了方法指导。

本书研究结果对提高直升机完好率,保证航空公司圆满完成各种飞行任务具有重要的指导意义。

编者
2021 年 8 月

目　　录

1 绪论

1.1 研究的目的和意义

纵观直升机发展历程,做好直升机维护与应急维修已成为直升机行业发展成败的重要条件。直升机拥有巡航、救护、运输等多种功能,以其快速、灵活的机动性能,在当今社会发展中发挥着极其重要的作用。从20世纪初直升机问世以来,到1947年10月美国洛杉矶航空公司首次用S-51直升机开辟世界上第一条直升机航线,再到今日直升机已广泛用于物资运输、空中观光旅游、海上搜救、医疗救护等多个领域。有人把直升机喻为"空中的救护车",足见直升机的灵活机动性能在当今社会中所发挥的重要作用。但因为直升机飞行高度低、活动半径小,也极易受到外界因素的影响。例如,近年来直升机由于触碰电缆、高空撞鸟、积冰、沙尘、搭载超重而导致飞行事故频繁发生。因此,加强直升机维修理论研究,提高直升机维护以及应急维修能力是关系直升机航空业发展成败的一个不可忽视的因素。

直升机是一种重要的飞行器,具有很多其他航空器无法替代的作用,由于其具有机动性能等,已在多领域得到了广泛的应用,但由于其结构复杂及飞行环境的特殊性,直升机出现故障的概率较过去有明显增加的趋势。

1.1.1 弥补故障损耗,补充飞行实力

历史经验表明,故障直升机的数量远远超过正常报废直升机的数量。不修理时,故障的直升机也就成为报废的直升机;而修复之后,可以再次投入使用,弥补故障损耗,补充飞行实力。

1

据统计,20 世纪 90 年代,每 225 架民用直升机中就有 1 架发生严重事故,2010~2018 年每 420 架直升机中发生 1 起严重事故。而事故症候是飞行事故的 3~5 倍,一般故障是飞行事故的 10 倍以上,即每损失 1 架直升机,有 3~5 架直升机存在事故症候,有 10 架以上存在直升机零部件损坏。可见随着科技的发展,虽然直升机的事故率和故障率都在下降,但故障率与事故率的比例却在不断增大。如果直升机的维护和应急维修条件良好,通过计算机模拟显示,报废与故障的比例可高达 1∶15 甚至 1∶20。可以预期,未来直升机飞行中有大量故障直升机需要修复,对补充直升机飞行架次有着重要作用。

1.1.2 保持一定的持续飞行能力

在飞行中以 200 架直升机为例,直升机故障架次与修复架次基本成正比,基本上可由图 1.1 来表示。

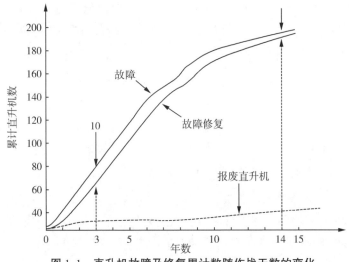

图 1.1　直升机故障及修复累计数随作战天数的变化

式 1.1 和式 1.2 是 100 架直升机随飞行持续年数的变化情况,其报废率为 0.3%~0.5%,故障率 10%~15%。如果不修理,20 年后几乎没有直升机可以用于飞行了。如果具备完全修理的能力(所有故障的直升机 6 h 内修复),则可求出在 20 年后仍然有 90%~95% 的直升机可以飞行,如图 1.2 所示。

$$N = 100(1-f-g)^{m} \qquad (1.1)$$
$$N_1 = 100(1-f-ga)^{m} \qquad (1.2)$$

其中:m 为飞行次数;

　　a 为未能修复故障直升机百分比;

　　f 为报废率;

　　g 为故障率;

　　N 为飞行 m 次后不修理剩余可飞行直升机架数;

　　N_1 为飞行 m 次后完全修理剩余可飞行直升机架数。

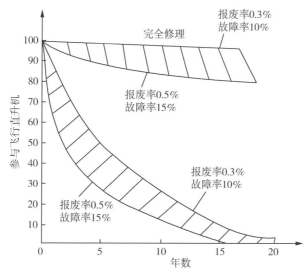

图 1.2　能飞行的直升机随飞行持续年数的变化

　　总之,在保持持续飞行能力上,直升机应急维修起到了关键作用。

1.1.3　飞行能力的倍增器

　　图 1.3 是直升机累计飞行架次随飞行持续年数的变化情况,飞行开始时有直升机 100 架,未能修复故障直升机百分比为 a,年报废率 5%,年故障率 25%。由式 1.2 可以求出,完全修理(所有故障的直升机 6 h 内修复)的累计飞行架次是不修理的 6 倍。所以,有人称直升机应急维修是飞行能力的"倍增器",如下所示。

$$N = 100(1-5\%-25\%a)^{m}/100(1-5\%-25\%)^{m} \tag{1.3}$$
$$= (1-5\%-25\%a)^{m}/(1-5\%-25\%)^{m}$$

$$\begin{aligned}
N_1 &= \big[\,100+100(1-5\%-25\%a)^{1}+100(1-5\%-25\%a)^{2}+ \\
&\quad 100(1-5\%-25\%a)^{3}+\cdots+100(1-5\%-25\%a)^{m}\,\big]/ \\
&\quad \big[\,100+100(1-5\%-25\%)^{1}+100(1-5\%-25\%)^{2}+ \\
&\quad 100(1-5\%-25\%)^{3}+\cdots+100(1-5\%-25\%)^{m}\,\big] \\
&= \big[\,1+(1-5\%-25\%a)^{1}+(1-5\%-25\%a)^{2}+ \\
&\quad (1-5\%-25\%a)^{3}+\cdots+(1-5\%-25\%a)^{m}\,\big]/ \\
&\quad \big[\,1+1(1-5\%-25\%)^{1}+(1-5\%-25\%)^{2}+ \\
&\quad (1-5\%-25\%)^{3}+\cdots+100(1-5\%-25\%)^{m}\,\big]
\end{aligned} \tag{1.4}$$

其中:m 为飞行次数;

a 为未能修复故障直升机百分比;

N 为飞行 m 次后完全修理与不修理剩余可飞行直升机数量比;

N_1 为飞行 m 次后完全修理与不修理飞行总架次比。

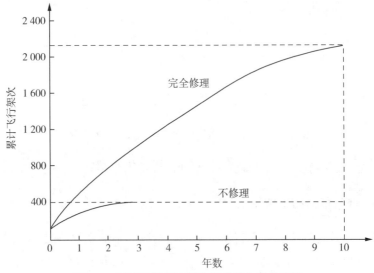

图 1.3　累计飞行架次随飞行持续年数的变化

当未能修复故障直升机百分比 a 分别取 20% 和 0 时,两者的结果差异非常明显,表 1.1 和表 1.2 表明了两者的计算过程。

表 1.1 *a* 为 20% 时参数比

飞行 次数	完全修理剩余可 飞行直升机数（取整）	不修理剩余可 飞行直升机数（取整）	飞行直 升机比	完全修理 飞行总架次	不修理 飞行总架次	飞行总 架次比
0	100	100	1.00	100	100	1.00
1	90	70	1.29	190	170	1.12
2	81	49	1.65	271	219	1.24
3	72	34	2.12	343	253	1.36
4	65	24	2.71	408	277	1.47
5	59	16	3.69	467	293	1.59
6	53	11	4.82	520	304	1.71
7	47	8	5.88	567	312	1.82
8	43	5	8.60	610	317	1.92
9	38	4	9.50	648	321	2.02
10	34	2	17.00	682	323	2.11
11	31.00	1	31.00	713	324	2.20
11	28	0		741	324	2.29
13	25	0		766	324	2.36
14	22	0		788	324	2.43
15	20	0		808	324	2.49
16	18	0		826	324	2.55
17	16	0		842	324	2.60
18	15	0		857	324	2.65
19	13	0		870	324	2.69
20	12	0		882	324	2.72

表 1.2 *a* 为 0 时参数比

飞行 年数	完全修理剩余可 飞行直升机数（取整）	不修理剩余可 飞行直升机数（取整）	飞行直 升机比	完全修理 飞行总架次	不修理 飞行总架次	飞行总 架次比
0	100	100	1.00	100	100	1.00
1	95	70	1.36	195	170	1.15
2	90	49	1.84	285	219	1.30
3	85	34	2.5	370	253	1.46

续　表

飞行年数	完全修理剩余可飞行直升机数(取整)	不修理剩余可飞行直升机数(取整)	飞行直升机比	完全修理飞行总架次	不修理飞行总架次	飞行总架次比
4	81	24	3.375	451	277	1.63
5	77	16	4.81	528	293	1.80
6	73	11	6.64	601	304	1.98
7	69	8	8.63	670	312	2.15
8	66	5	13.20	736	317	2.32
9	63	4	15.75	799	321	2.49
10	59	2	29.50	858	323	2.66
11	56	1	56.00	914	324	2.82
12	54	0		968	324	2.99
13	51	0		1 019	324	3.15
14	48	0		1 067	324	3.29
15	46	0		1 113	324	3.44
16	44	0		1 157	324	3.57
17	41	0		1 198	324	3.70
18	39	0		1 237	324	3.82
19	37	0		1 274	324	3.93
20	35	0		1 309	324	4.04
21	33	0		1 342	324	4.14
22	31	0		1 373	324	4.24
23	30	0		1 403	324	4.33
24	28	0		1 431	324	4.42
25	27	0		1 458	324	4.5
26	25	0		1 483	324	4.58
27	24	0		1 507	324	4.65
28	23	0		1 530	324	4.72
29	22	0		1 552	324	4.79
30	21	0		1 573	324	4.85
31	20	0		1 593	324	4.92

可见,直升机维护和直升机应急维修是保持直升机完好率最直接、最有效、最经济的办法,是飞行能力的"倍增器"。因此,应急维修是提高和保持直升机完好率的有效途径,是未来研究在复杂环境下直升机应急维修的一个重要课题。

1.1.4　挽救飞行员的生命和国家财产

故障直升机如果不及时维修,在执行任务时将极容易发生不必要的事故,造成人员伤亡和直升机的损伤甚至直接被列为报废直升机。这将使飞行员的生命得不到保障,给国家财产造成巨大损失。

飞行中故障直升机的数量远远超过报废直升机的数量。不修理时,20~30年后仅剩3%~4%的直升机可以飞行;而同等条件下中等修理,则有20%~30%的直升机可以飞行;良好修理则有40%~50%的直升机可以飞行。随着直升机性能、保障装备性能的提高,维修手段的改进,报废率会逐渐降低,故障率则可能不断上升,它们间的比率(可飞行直升机、累计飞行架次)可能会不断上升,这使得提高维修能力显得尤为重要。

1.2　国内外研究现状

1.2.1　国外研究现状

20世纪初出现了直升机应急维修的萌芽,当时的直升机结构、设备构造简单,维修装备保障能力落后,用于修复直升机的配件很少,技师为了修复故障直升机,采用一些独特而有创意的维修技术,为使其能够维持飞行,甚至使用农场废弃机械的零部件作为直升机故障部件的替代品。这可能就是直升机应急维修的开端。20世纪中期,发展航空业的同时,各国均采用了应急维修的方法维修故障直升机。

美国十分重视直升机应急维修,在直升机维修领域研究中先后投入了数十亿美元。目前,直升机应急维修的研究正发展成为一门系统工程,内容涉及配套的直升机应急维修理论、系统的直升机应急维修体制、完善的直升机应急维修法规、严格的直升机应急维修培训、配套的直升机应急维修装备和先进的直升机应急维修技术等诸多方面。

美国空军司令部近年来投资研究的维修技术涉及很多方面,内容包括整体油箱维修、计算机线路故障评估、复合材料结构维修、内部故障检查和评估技术、隐身涂层维修、发动机与附件箱维修、光纤维修、智能蒙皮结构维修、风挡维修等。目前美国还在开拓一系列新的技术,其包括灵巧结构和部件技术、系统重构技术、先进的故障数据链技术。俄罗斯在直升机维修保障方面,管理的正规化、制度化程度非常高。例如,对蓄电池、充电间管理员职责、蒸馏水制造、充电程序、安全使用规定、维修保养、故障排除等 32 个方面的工作都有详细的规定和说明,并对使用和管理进行严格监督。

1.2.2 国内研究现状

我国系统全面地开展直升机应急维修研究是 20 世纪 80 年代开始的。1991 年直升机应急维修引入我国直升机院校,并逐渐引起各方的重视,1994 年开始对直升机应急维修进行全面研究。目前已经取得了较多的研究成果,涉及法规编制、维修理论研究、维修技术研究、应急维修训练等。直升机参加飞行以后,对直升机的装备保障与维修的研究也应运而生,但是我国在直升机装备保障和维修方面起步较晚,没有直升机应急维修的实践经验。随着直升机行业的不断发展壮大,直升机应急维修也受到关注。直升机厂家也加紧了对装备保障与维修理论的研究和维修设备的研制,目前已经初步形成了自己的应急维修体系。目前我国对直升机故障分析评估与修复以及直升机应急维修理论与技术的构成已做了深入的研究。但对直升机的智能技术研究还有所欠缺,特别是在复杂环境条件下对生成直升机快速有效的维修方案的研究就更少了。因此,在复杂环境条件下如何运用最有效的方法对故障直升机实施维修已成为应急维修中的重中之重。

1.3 本书的研究内容和结构安排

1.3.1 本书的研究内容

通过分析复杂环境的特点,了解复杂环境对应急维修的新的要求,从而深入了解统筹法内容和复杂环境对直升机飞行性能的影响,对直升机维护人员的要求,以及在复杂环境条件下直升机应急维修统筹法的具体实施方法。

(1)为什么研究复杂环境条件下的直升机应急维修。

(2)用什么方法来研究复杂环境条件下的直升机应急维修的课题。

(3)研究复杂环境条件下进行直升机应急维修所要达到的目的。

(4)用这种方法研究复杂环境条件下进行直升机应急维修主要有哪些欠缺。

(5)怎样更好地实现在复杂环境条件下进行直升机应急维修这一目标。

1.3.2　本书的结构安排

第一,研究复杂环境条件下进行直升机应急维修的目的与意义;第二,进行复杂环境条件下的环境特点理论研究;第三,研究复杂环境条件下直升机维护理论;第四,研究复杂环境条件下进行直升机应急维修的基本概念与特点;第五,将统筹法运用到复杂环境条件下进行直升机的应急维修的基本理论概念、结构与研究结果,并对如何进一步提高应急维修效率做阐述;第六,基于统筹法的直升机应急维修组织与实施;第七,研究复杂环境条件下直升机应急维修配套方案,更好提高直升机应急维修能力,展示应急维修在未来直升机使用中突出的重要地位,并对此做出了结论性总结。

2 复杂环境条件下的环境特点理论研究

2.1 复杂环境条件下的环境特点概述

我国幅员辽阔,有高原、盆地、高山、峡谷、平原、湿地等各种地理环境。直升机可在城市、乡村,也可在高原、盆地、森林等各种环境条件下飞行,直升机没有固定的飞行区域和明确的飞行内容,可能在任何时间、地点、区域飞行,地理环境复杂多样,这些都给直升机维护与直升机应急维修带来了巨大的挑战。

2.1.1 地理环境复杂多样

(1)高原、山地气压低、氧气含量低。空气中的氧气含量随海拔升高而降低,海拔 1 000 m 以上地域的氧气含量比海平面的减少 36%~45%。海拔越高,气压就越低,在海拔 3 000 m 范围内,每升高 60 m,大气压减少 5 mmHg(大约 666 Pa)。

(2)北部地区气候寒冷、昼夜温差大。青藏铁路沿线年平均气温 −2~6 ℃,日平均气温在 0 ℃以下的时间长达 330 天,一天之内的昼夜平均温差 20 ℃,最大温差可达 30 ℃,故称"年无炎夏,日有四季"。海拔高度每上升 100 m,温度降低 0.6 ℃,在海拔 5 000 m 时,温度较标准海平面降低约 30 ℃。

(3)西北地区多风、干燥。在这一地区雨量少,空气中所含的水蒸气也比内地少,加上气温低且常年有风,使得空气更为干燥,年平均相对湿度只有 40%~50%。

(4)高原紫外线强烈。海拔越高,大气越稀薄,透明度越大,太阳到达地面的紫外线辐射强度就越强,高原地区紫外线强度是海平面的 1.5~2.5 倍。

（5）沿海地区多雷暴。东南沿海地区夏季常出现雷暴天气，每年4～9月发生频率相当密集，雷暴方向大都沿海移动，多见梳状雷暴。

2.1.2 复杂环境条件下的气象特点

（1）高原山地地区规律性天气不多，区域性天气明显。高原多以晴好天气为主，但受高大山脉阻隔，山体两侧天气差异较大，区域性气候明显。

（2）季风气候天气变化快，易形成危险天气。对流云发展迅速，特别是午后变化更快，大风天气多，而且风向风速不稳定，有时伴有雷雨、冰雨等危险天气，夏季部分地区仍具有冬季气象特点，有时会出现降雪天气。

（3）气流扰动明显，影响面积较大。山口和脊峰扰动气流明显，甚至有强烈扰动。山体的背风面、背阳面常有下降气流，特别是较大山脉的背风面可能产生大面积的下降气流。

（4）北方早晚与下午温差大。日出后，气温回升快，地面气温较高，而且受季风、地形影响，地面气温在下午比理论推算的气温要高很多，日落后气温下降较快。

2.1.3 复杂环境条件下飞行特点

（1）复杂环境条件下天气变化复杂，要严把天气关。在高原、山地地区飞行时，天气因素对直升机飞行的影响较大，要随时掌握天气实况，综合判断天气变化趋势，严格掌握气象条件，防止进入危险天气环境。

（2）高海拔云中的温度、湿度有利于形成局部结冰天气，要加强防冰设备的检查和使用。飞行前必须检查好旋翼、发动机防冰系统，特别是在冬季飞行时，要适时打开和关闭防冰加温电门。

（3）高原飞行时，多种因素对直升机载重量影响较大，要精确计算飞行重量和最大有效载重，起降前，要结合风向、风速、大气温度、机场标高等因素严格计算起飞重量，并留有充分余地。高原飞行时严禁入云。

（4）在高原、山地以及强对流天气飞行时，直升机飞行速度范围减小，安定性和操纵性变差，要提高直升机操纵的准确性。飞行中操纵动作要柔和、协调、准确，改变飞行状态要有提前量，防止动作粗猛，特别是在起飞时，直升机增速慢，增速距离长，操纵动作切忌过于粗猛，要防止提总距过量，造成直升机尾桨触地,应充分利用地效,条件允许可采取滑跑方式起飞,着陆时要减速,减速时机要适当提前,防止目测高、速度大。

(5)林地、平原地区起降场净空条件一般较差,受地形限制,多数起降场不能建立正规航线,有些起降场只能单向起降。要加强起降场地形研究,提前准备,在起降阶段要选择好起飞、着陆方向,特别是着陆时,要提前选好复飞方向。

(6)夏季直升机起降时,发动机温度较高,要充分做好冷暖机工作。起动发动机时也要有足够的暖机时间,在各系统的温度、压力处于正常时,方可滑跑和起飞,关闭发动机时冷机时间一定要充足。

(7)在野外飞行时,应合理选择航线,采用有利的飞行方法。为避开强烈升降气流,通常应沿河谷或公路选择航线,进入谷口、山口前,要确定判为可飞天气才可进入,不能冒险,应保持300 m以上真高飞行,翻越高山时,应选择最低的山口通过。

(8)高原山地地区冬季雪地范围较大,要针对雪地飞行特点,做好起降。长时间雪地飞行因积雪反光刺眼易导致雪盲。在高原雪地目测着陆,要防止误远为近和速度过大;悬停时,吹雪可能影响观察,且剩余功率小,应有足够的思想准备,直升机接地后,应试探性地下放变距,防止倾翻,在积雪或冰冻地面滑行时,应控制滑行速度不大于5 km/h。

(9)山地地区无线电设备受山地效应影响明显,工作距离短,空中联络困难,要适时采取有效方法,提高无线电通信质量,可采用上升飞行高度,打开噪声抑制电门,空地转信的方法增加通信距离。

(10)沿海地区多雷雨天气。东南沿海地区夏季常出现雷暴天气,应注意天气变化,避免雷雨冲击,禁止飞越厚密云层。

2.2 复杂环境条件下对直升机飞行性能的影响

复杂环境条件直接影响着直升机的飞行性能,在自然条件下,当大气压力下降到一定值时,就变成了高原地区条件;当大气温度、湿度升高到一定值后,就变成了炎热地区条件;当大气温度降低到一定值后,就变成了严寒条件,这些都是特殊的自然环境条件。

2.2.1 高原地区对直升机飞行性能的影响

高原大气压力低,大气温度也比同纬度的平原地区低,而且昼夜变化大,大气密度小,氧气含量少,一些高原地区一日犹如四季,隆冬昼可赤臂,盛夏夜可遇霜。

(1)高原地区对发动机起动性能的影响

①起动时,排气温度上升快且数值高。

随着海拔增加,大气压降低,空气密度减小,发动机空气流量比平原地区显著减少,为了保证发动机起动的可靠性,需要调整起动供油量。如果起动供油量没有同空气流量成比例减少,而是发动机空气流量减少得多,起动供油量减少得少,就会在燃烧室内形成富油燃烧,使排气温度上升快且数值高,机场标高越高,这种影响越大,即混合气越富油,起动温度就越高。

②起动时,在一定转速下飞机上升快,超过这一转速时飞机上升慢。

高原大气压力低,发动机空气流量小,各转速下压气机所需的功率相应减小,而起动机的功率不变,所以在一定转速下,剩余功率增大,转速上升快。超过一定转速,剩余功率的大小主要取决于涡轮功率的大小。在高原地区,由于大气压力低,使涡轮前燃气压力相应降低,起动供油量不能很快增加,这些因素都使涡轮功率减小,从而使剩余功率减小,故在一定转速范围内转速上升慢。

③起动中容易发生转速悬挂。

由于高原地区发动机空气流量小,当起动供油量调整稍有不当时,对燃烧室混合气的余气系数和涡轮前燃气温度的影响较大,容易发生转速悬挂。

(2)高原地区对起飞重量的影响

参照《直升机飞行手册》中无地效悬停时,在一定外界温变下,随着温度增加,最大允许起飞重量减小。

(3)高原地区对平飞性能的影响

随着高度增加,最大表速、最小表速、巡航速度逐渐减小。因此,随着海拔高度增加,发动机起动性能变差,起飞重量减少,平飞速度减小。

2.2.2 高温条件对直升机飞行性能的影响

高温环境是指温度超过人体舒适程度的环境。人体舒适的温度一般为
(21±3)℃,因此24℃以上即可被认为是高温。但是对人的工作效率有影响
的温度,通常是在29℃以上的自然高温环境,自然高温环境主要来自太阳辐
射所散发的热量,高温对直升机的复合材料、有机玻璃氧化变质及对发动机
超温、超转的影响较大,尤其是夏季高温对直升机可用功率的影响,需要引
起机组人员的注意。

(1)高温对发动机起动性能的影响

在高温条件下,大气温度较高,发动机一般比较容易起动。但是,大气
温度升高时,大气密度减小,会使发动机空气流量减少,因而起动过程容易
造成混合气过分富油而使燃气温度过高。此外,某些发动机,在大气温度较
高的条件下(如 30 ℃以上)再次起动时,由于发动机停止运行不久,燃烧室
的温度仍然较高,经燃烧室的空气受热膨胀,密度较小,这时起动点火装置
喷出的燃料就过多,以致混合气过于富油,不能形成点火源,发动机也就不
能起动起来。因此,在大气温度较高的情况下,发动机停止运行后,应该对
发动机进行充分的冷却,以利于发动机再次起动。

(2)高温对起飞重量、悬停升限等性能的影响

温度升高,大气密度减小,会引起悬停需用功率增大,可用功率减小,因
此会使起飞重量、悬停升限降低。反之,大气温度降低,起飞重量、悬停升限
会增加。

旋翼拉力与空气密度成正比,气温越高,空气密度越小,从而旋翼拉力
也越小。比如,当空气温度为 80 ℃时,空气密度较空气温度为 15 ℃时下降
约 20%,在总距和转速不变的情况下,旋翼拉力也应下降约 20%,从而造成
直升机升力迅速下降(未考虑气压下降,实际气压也略有下降,空气密度下
降得更多)。加上高温导致发动机功率下降,直升机的飞行品质和使用可靠
性受到影响,有效的载重和所有的飞行性能就都会下降。

2.2.3 寒冷条件对直升机飞行性能的影响

寒冷是指地面和大气温度低的天气,人体会感觉到冷,为了准确地描述

天气的寒冷程度,在气象学上制定了"寒冷程度等级表",把气温从-40 ℃以下至9.9 ℃,由低到高分为八级(表2.1)。

表 2.1 寒冷程度等级表

等级	名称	温度
一级	极寒	-40 ℃以下
二级	酷寒	-30 ℃至-39.9 ℃
三级	严寒	-20 ℃至-29 ℃
四级	大寒	-10 ℃至-19.9 ℃
五级	小寒	-5 ℃至-9.9 ℃
六级	轻寒	0 ℃至-4.9 ℃
七级	微寒	0 ℃至4.9 ℃
八级	凉	5 ℃至9.9 ℃

在高原高寒地区的直升机飞行,必须考虑发动机起动、直升机防冰、油液防冻及黏度过大等因素,其中高寒地区对直升机飞行性能影响最大的是直升机旋翼、发动机进气道的积冰问题。

(1)低温对发动机起动性能的影响

在高寒条件下,大气温度很低,燃料的黏度增大,挥发性不好,雾化的质量也变差,因而在燃烧室内产生火源和形成稳定火焰的条件都会变差。一般来说,大气温度降低到-30 ℃时,起动点火装置尚能产生稳定的火源。但是,燃料系统喷出的燃料所形成的混合气被火源点燃和形成稳定火焰所需的时间,随着大气温度的降低而增长,这会使涡轮参加工作的时间推迟,起动过程所需时间增长。同时,由于大气温度降低,大气密度增大,发动机空气流量增大,压气机功率也随之增大;大气温度降低,会使滑油变稠,摩擦功率也随之增大,在起动机发出的功率不变的条件下,起动过程第一、二阶段的剩余功率将会减小,这又会进一步使起动过程所需时间增长,对于起动机工作时间受到限制的发动机来说,起动的可靠度随着大气温度的降低而变差。

在低温条件下起动时,为了便于形成混合气和缩短形成稳定火焰的时间,使发动机能够顺利地起动,在开始供油时,可以使混合气稍微富油一些。这样,可以增加燃料的雾化分子,使其便于形成混合气而被点燃。富油混合气燃烧后,温度较高,也有利于形成稳定的火焰。当温度特别低时,最好先对起动点火装置和发动机进行加温,然后再起动。

(2)结冰对直升机使用性能的影响

直升机独特的用途决定了它飞行环境的复杂多样性,有时进入到结冰的环境,某些部件就会结冰,冰层积至一定的厚度时,如果不及时除冰,就会导致直升机性能迅速变差,甚至酿成事故。

大气结冰条件由大气温度、云层水滴平均有效直径(EMD)和云层液态水含量(LWC)三个因素决定,当温度为 $-2\sim0$ ℃,EMD 在 $15\sim40$ μm,LWC 为 0.15 g/m³ 的情况下,直升机在此环境中飞行时易在旋翼桨叶、水平安定面前缘、发动机进气道口、压气机叶片及各冷却气入口处发生结冰现象。

①旋翼桨叶及尾桨结冰。

在相同的结冰条件下,直升机旋翼桨叶更容易结冰,并且前缘积冰强度与旋翼半径 R 成比例,旋翼桨叶的积冰强度与半径 R 基本呈续性关系,结冰改变了桨叶的原有气动外形,破坏了桨叶的表面光洁度,使附面层的紊流化加剧,阻力增大,致使桨叶气动特性恶化,效率降低,升力下降。为了保持直升机飞行状态,需增加发动机油门,以提高发动机功率来弥补升力不足的问题。

旋翼桨叶结冰后,由于高速转动时的离心力作用,积冰可自行脱落,因为冰层脱落通常是不均匀和不对称的,将破坏旋翼的平衡,引起旋翼的振颤,严重时引起前行桨叶气流分离加剧,或者振动传到发动机上引起共振或机械故障,这都将危及飞行安全。另外,从旋翼上脱落的冰可能击中机体结构、尾桨等部件给直升机带来不必要的损伤。

尾桨结冰与旋翼桨叶结冰情况类似。

②水平安定面结冰。

水平安定面的作用是保持稳定飞行中俯仰力矩的平衡,旋翼升力使直升机产生低头力矩,水平安定面产生负升力给直升机一个抬头力矩,二者平衡保持直升机的航向稳定。如果水平安定面结冰,使表面粗糙,翼型失真,导致摩擦阻力增大,压差阻力增大,在较大速度时可使安定面下表面气流分离,负升力减小;另外,因水平安定面处于旋翼后下方,由于旋翼下洗流的影响,负压力小,产生的负升力更小,气流分离更加严重,使直升机失速提前,严重者将导致飞行事故。

③发动机结冰。

发动机结冰主要是指进气道、压气机叶片及其他进气部件等部位结冰，冰层达到一定厚度，将引起下列后果：

A. 导致进气道内表面气动特性恶化，空气流动不均匀和气流发生局部分离，引起压气机叶片的振动。

B. 当发动机进气道结冰厚度达到一定程度时，进入发动机的空气量减少；有的发动机装有防沙滤网，若防沙滤网结冰，也大大减少了进入发动机的进气量，发动机就有可能发生富油超温或熄火停车的现象。

C. 若进气道的冰层脱落进入发动机，或旋翼上的冰块甩入发动机中，都有可能打坏高速转动的压气机叶片，甚至打坏整台发动机。

总之，旋翼部件的结冰主要引起桨叶气动特性的变化，降低桨叶翼型升力系数，增大桨叶翼型阻力系数增大，因而使得直升机在总距操纵固定的条件下旋翼产生的拉力减小，同时使旋翼扭矩增大。旋翼结冰条件下的直升机保持平稳飞行所需的总距操纵量必然增大，这最终导致直升机飞行包线内缩。与结冰前的平衡位置相比，直升机横向操纵量增大、航向操纵量减小，俯仰角和滚转角减小，稳定性下降，姿态敏捷性下降，轴间啮合特性下降，垂直轴操纵功效品质下降，从而降低直升机的飞行性能，降低直升机的飞行品质等级，严重时会危及飞行安全。

2.2.4　大量降水对直升机飞行性能的影响

雷雨天气时，大量降水会在直升机座舱玻璃上形成大量水流，会使飞行员观测到的能见度比晴天时观测到的能见度低，严重影响飞行员的目视飞行，特别是在起飞和着陆时影响更大，甚至会危及飞行安全。大量降水影响跑道的正常使用，甚至会导致发动机熄火停车；跑道上大量积水，改变机轮与跑道的摩擦系数，改变滑跑距离，甚至改变滑行方向；在雷雨下方较容易形成下降气流冲击直升机，易导致直升机抖动，甚至造成操纵困难。

2.2.5　风沙条件对直升机飞行性能的影响

西北地区环境复杂、风沙大，风沙主要是指由于气候干燥引起地面尘土、小颗粒被风吹起,一般可分为浮尘和扬沙天气。

浮尘是风沙的伴生现象,大风过后,一些较大且重的沙粒纷纷落在地面上,而细小的尘粒仍飘浮在空中,这便成了浮尘。在我国西北地区,常有浮尘天气,严重的浮尘可以维持几日不散。

扬沙是指地面的沙尘大量地被风卷到空中,而使空气混浊、天色昏暗,能见度小于1 km的现象称为沙尘暴,这种气象的沙粒比浮尘颗粒要大,对直升机起飞、着陆影响较大。

(1)对发动机的影响

在直升机起飞、降落及近地悬停中,由于旋翼的下洗气流卷起的沙尘布满了直升机的周围,吸入发动机进气道后,会对压气机一级叶片腐蚀、磨损,使叶片前缘变薄而弯曲导致发动机功率下降,若打伤严重,还会产生应力集中,造成叶片断裂。压气机叶片磨蚀后,会使发动机喘振上限和下限转速范围变大,发动机稳定工作范围缩小,容易产生喘振,可能需要提前更换发动机。

(2)对直升机性能的影响

旋翼高速转动时,沙尘以相对速度打击其表面,使旋翼桨叶受到磨损或打伤,由于旋翼高速转动被沙尘打出毛刺的现象比较普通,打的坑槽也比较多,一方面旋翼桨叶表面光滑度变差,使升力系数降低,阻力系数增大;另一方面也缩短了旋翼桨叶的使用寿命。

(3)对飞行安全的影响

自2002年以来,在一些战争中,由直升机旋翼扬起的沙尘频频造成直升机损毁,仅美国就损毁了27架,其中最为典型的两次事故分别是:2006年美国海军陆战队的一架CH-53E直升机在白天训练时遭遇沙尘,致使机体发生滚转,造成1人死亡;2009年10月,美国特种飞行的一架支奴干直升机因遭遇沙尘在起飞时撞上障碍物而坠毁,导致10人死亡。研究表明,一旦直升机处于能见度较低的沙尘环境中,驾驶员很容易拒绝接受驾驶舱信息而凭主观感受进行驾驶操作,使直升机过快下降或偏移,从而造成与障碍物相撞或其他意外事故。

复杂环境条件下的地理环境,对直升机飞行性能会产生较大的影响,飞行、机务人员只有充分了解高原、高寒、高温、风沙等特殊环境,掌握直升机装备的维护特点和飞行特点,操作要求和注意事项,才能确保完成保障任务,保证直升机飞行安全。

2.3 复杂环境条件下直升机维护保障特点

2.3.1 复杂环境条件下地形、地貌、气象等特点

复杂环境条件下地理环境复杂,气候多样,条件恶劣,没有明显的规律特点。

①高原、山地地区海拔高,空气稀薄。很多高原山地海拔都在 2 500 m以上,部分地域的海拔在 4 000~6 000 m。高海拔地区空气稀薄,空气含氧量比平原地区少 30%~60%,海拔越高,气压越低。

②北方地区气温低,昼夜温差大。海拔每上升 100 m,温度降低 0.6 ℃。在海拔 3 000 m 温度较水平面低 18 ℃。内蒙古地区昼夜温差可达 20 ℃,冬季寒冷期长达 6 个月,紫外线强度高出平原地区 10%~20%。

③亚寒带地区干旱少雨,风沙大。高海拔地区干旱少雨,地表植被少,起风时风沙弥漫,年平均风速 7 m/s,有风日为 130~180 d,几乎占全年天数的 50%,瞬间大风多于每日午后出现,傍晚停止,且风向风速变化频繁。

④沿海地区局部天气变化急剧,不可预测性强。复杂环境天气具有典型的局部特征,且变化快,实时预测难度大。

⑤高山地区地形高低起伏,复杂多变。高原地区多数区域山高谷深、落差大,个别区域谷面相对较窄,可通行性差,容易造成飞行事故。

2.3.2 复杂环境条件下直升机的维护特点

复杂环境条件下,高原、山地地区的气温低、昼夜温差大、日照强度较大和有沙尘等特点对直升机装备性能有较大的影响。

①空气密度小,温度低,使发动机效率降低。发动机的功率会随着海拔升高而下降,由于高原气压低,空气密度小,可能造成发动机燃烧室雾化效果不好而起动失败。针对这种情况,应在高原飞行前,视情况调整发动机功率或上调旋翼锥体,并在起动和停止过程中,按规定时间进行冷暖机,以应

对空气稀薄对直升机飞行的影响。另外,温度低,使发动机滑油系统滑油黏度变大,阻力增加,燃油汽化困难,使发动机难以起动,起动性能变差。针对这种情况,应视情况缩短发动机滑油的更换时间间隔,对发动机滑油系统油气分离器进行清洁,防止烧滑油的情况出现,并且在发动机每次起动前进行冷转,促进滑油循环流动,减少发动机磨损。

②北方地区昼夜温差大,直升机上密封件在低温条件下性能降低、系统密封性变差。复杂环境气候干燥,昼夜温差大,直升机上的密封件型号种类较多,在日常维护中如果发现有变形、变质的垫圈应及时更换;注意检查机轮轮胎的故障情况,并进行监控,超出规定时及时进行更换;燃油、滑油、液压油及冷气系统在昼夜温差大的情况下,特别容易出现渗漏,日常维护中应加强检查直升机各系统是否正常,如有渗漏、压力不符合规定等状况,应及时查明原因,彻底排除问题。

③日光紫外线强,容易使复合材料、有机玻璃等性能降低。有机玻璃长期受到紫外线的作用,能加速有机玻璃的氧化变质,氧化后的有机玻璃将变黄、变脆,影响透明度;受力时就容易变形,会引起有机玻璃"发雾"现象,在应力的作用下,还会使有机玻璃表面产生银纹。因此,在高原环境飞行直升机的日常维护中,要保持机体表面清洁,及时盖好蒙布,停放期间防止暴晒。

④大功率使用时间长,直升机部、附件损坏可能性变大。飞行要求发动机输出功率大,飞行姿态变化多,相应直升机的系统负载增大,长时间处于大负荷状态,直升机附件损坏的概率增加,会缩短直升传动系统和动力装置等部件的寿命,增加故障频率。针对这种情况,应尽可能保持机组人员相对固定,使机组人员对所维护直升机的情况掌握清楚,在平时飞行中,维护人员应注意观察发动机、辅助动力装置、主减速器、中减速器和尾减速器的工作参数,了解变化情况,分析原因,掌握变化规律,有异常变化时应及时发现并及时进行调整或更换。

⑤地形地貌复杂、无线电通信困难、无线电罗盘可能产生指示误差,直升机性能变差,易使飞行员判断失误。在复杂环境条件下,直升机经常在山沟飞行,山的绝对高度大部分在 1 000 m 以上,影响无线电联络距离及产生噪声。针对这种情况,应缩短无线电罗盘的校验周期,及时检查通信设备,把故障排除在飞行前。

⑥风沙大,沙粒多,大量沙粒进入发动机和机体内部,会造成机械部件磨损、油路不畅、电接触不良等一系列问题。在复杂环境中飞行,尤其在起飞、降落阶段,扬起的沙粒容易被吸进发动机进气道,沙粒碰撞高速旋转的涡轮叶片,容易使其产生凹坑,以致涡轮发生故障,降低发动机动力效率。机械日和机务准备时,应严格按照规程检查进气道,按规定时间进行孔探,发现问题及时排除并缩短检查周期,风沙还会对机体表面造成破坏,对出现的机体表面漆层破损及时补漆。露天停放的直升机,应加盖机身蒙布、尾桨及尾桨叶蒙布、机轮蒙布、缓冲支柱防尘罩,尽量避免露天拆装、分解工作,必要时采取相应措施,防止风沙进入直升机内部和系统附件管道内。

⑦装备性能需留有余度。在复杂环境飞行时,受最大起飞功率限制,容易出现超温超转现象。物资装载稍重就可能导致不能顺利起飞,勉强起飞会造成发动机剩余功率不足,加速困难、机动性能变差,如遇到空中结冰就需加温除冰,这会增加发动机负荷,发动机功率将严重不足。机械师在物资装载和油量添加时应严格控制重量和直升机重心,对直升机自身出现的旋翼转速高和发动机功率不够的情况应进行及时调整。

⑧起降场地安全要保证。复杂环境条件下直升机在野外起降时,受功率限制,直升机爬升率降低,起飞时离地面近,容易卷起小石子打破玻璃、旋翼、尾桨及发动机进气道叶片,在直升机起飞和降落前,应注意检查起降场地安全状况,必要时应及时协调水车在野外停机坪周围洒水,或者在野外停机坪周围铺设防尘网,以加强对直升机的防护。

2.3.3 复杂环境条件下直升机的资源保障特点

①自然保障资源有限。直升机飞行在地处偏远地区时,选择一块儿既可以保障装备停放、维护、训练,又可以满足训练人员正常栖息的场地较为困难,基本的保障要素无法与航空公司本部相提并论。生活训练场地的区域要简单、科学、合理,尽可能地满足基本需求,同时也要符合实际飞行训练要求;直升机的停放要便于开展直升机的疏散、隐蔽和防护,要保证直升机的快速飞行和人员安全,便于对直升机实施快速维护,要便于组织直升机的飞行活动和维修保障,要能够避免或减少自然灾害对直升机造成的损坏;增加复杂环境条件下氛围,指挥体系符合要求,保证"上传下达"快速顺畅,根

21

据维修具体情况编制相关手册,制定紧急疏散、隐蔽、应急保障、安全预防等方案预案,保证在恶劣条件下飞行训练任务有序展开。

②人力保障资源有限。在复杂环境条件下训练资源配置效率整体较低,训练人力保障资源匮乏,尤其是缺乏有力的理论指导、科学的人力资源体系和经验丰富的训练专业保障人员。由于有高原、山地、丛林等复杂环境,这些会使保障人员因海拔高缺氧等原因造成暂时不能适应高原、山地、湿热气候,不少人要面临高原反应、中暑、皮疹等问题的考验,加之生活条件、保障条件差,很容易出现非战斗减员,使有限的人力保障资源更加紧张。因此,要合理配置人员,优化搭配专业,在训练保障中坚持战斗作风不减、工作标准不降;适当进行体能锻炼、加强个人防护;保持生活节奏,注意劳逸结合以保持良好的精神并保证最大的参训率。

③技术保障资源有限。复杂环境地区驻训时,陌生地域,甚至驻扎在野外。远离各直升机保障点,交通不便,直升机相关的保障跟不上。如遇装备保障技术难题,原有远程专家诊断系统无法有效发挥作用,相关的售后服务响应机制也无法高效运作,技术保障资源不能有效满足需求。因此,我们需要提前做好直升机技术保障方案和应急支援方案,筹建过硬的保障技术力量,结合有关厂家重新搭建临时保障平台,拓宽临时保障渠道,确保在遇到棘手问题时,相关的技术人员、保障装备、航空器材等能够迅速到位,使问题及时归零。

④市场保障资源有限。复杂环境往往无车站、机场、码头,人迹罕至,甚至无通信网络,给保障物资的采购带来一定困难。一些远离市区的地方,都不在地方物流公司的派送范围,紧急的物资供应无法保障。因此,要有充分的思想准备,根据驻训地点和任务性质,尽可能补充携运行物资,特别是 O 形圈、胶垫、强风系留绳、各种堵盖捆绑绳、油液采样瓶等消耗物资,以及水桶、油桶、液压校验设备、飞参判读设备、无损探伤仪、孔探仪、三用表等保障工具设备,要有详细的携运行清单,并由专人统计保管,监控需求变化,及时补充,以免影响驻训维修保障的开展。

3 复杂环境条件下直升机维护理论研究

3.1 复杂环境条件下直升机故障规律

复杂环境条件下直升机所处环境对直升机的影响突出,针对环境、天气、气候及天文现象的影响,直升机在复杂环境下常见易发故障主要表现为以下几类。

3.1.1 低压环境导致的常见故障与维护建议

(1)低压环境下直升机常见故障

低压环境下,大气压降低,空气中的氧含量下降明显。低压缺氧环境下,直升机的动力系统过量空气系数下降,燃烧环境恶化,输出功率明显降低,空气稀薄,雷诺数降低,气体黏性阻力增大,发动机工作稳定性降低,气源系统的进气量减少,输出飞行力不足。例如,直升机的辅助发动机在起动时工作温度较平原地区明显上升,供气压力显著下降,起动带转能力下降得比较明显。氧气含量降低对装备性能影响显著,燃油消耗率降低,功率下降明显,超温超扭频次增多,起动和加速性能变差。

①发动机起动温度高,起动容易超温。

②发动机起动困难,前期转速上升慢,易发生转速悬挂故障。

③起动时间长,对于依靠起动电机带转起动的发动机来说,起动电机带转时间增加,电机容易过热,起动过程故障增多,连续起动间隔时间需要增加。

④慢车状态燃气涡轮转速较平原环境的增大。

⑤直升机的散热系统由于空气稀薄,散热能力降低,系统温度容易升

高;液压系统液压油温升高,压力波动频率增高;发热器件散热困难、开关灭弧能力下降。

⑥空气干燥,易产生静电,航道设备运行易受干扰。

⑦低压环境下系统滑油压力明显变小,密封部件渗漏现象普遍增多。

(2)低压环境下直升机使用维护建议

①低压环境下,为提高发动机效能,减少故障发生,直升机发动机在使用维护中需采取以下防护措施。

A. 严格按照直升机开关车程序实施,控制好冷暖机时间,起动中随时做好超温、超转、悬挂等特殊情况处置。

B. 在起飞过程中,如果场地条件允许,可不使用防沙装置(因为打开防沙装置发动机损失功率明显)。

C. 选择好着陆场,如果沙尘较大,应提前做好洒水、防沙、防尘等处理工作,尽量避免在扬沙较大的环境下起降,剩余功率充足的情况下按规定使用防沙装置。

D. 飞行结束后,及时盖好直升机各类蒙布,防止沙尘进入发动机机件内部。

E. 高原飞行前调整好发动机性能参数,将各状态转速调整到规定值,放气活门关闭和打开时机调整到中间位置,切忌打开过早,安装限流嘴的部位一般需要更换比平原机场起动时小的限流嘴。

F. 发动机起动要严格遵守手册规定的风速限制,尽量做到迎风起动,尽量使机头对正风向,正确确定不同发动机的起动顺序,三发直升机尽量避免尾气和风向对起动的影响,防止起动时因空气流量减小而造成起动超温或失败。

G. 起动过程中务必精力集中,时刻关注点火、温度、转速等关键数据状态,随时做好特殊情况处置。例如,直升机高原低温起动时经常出现故障导致发动机转速(NPT)悬挂,需要及时通过手动或自动转换等方法消除故障,处置要及时准确。

②低压环境下的直升机维护,需及时吹通各通风散热通道,特别是风扇舱、散热蜂窝结构等影响散热效果的部位,保证直升机上部、附件,特别是滑油系统能迅速可靠散热。另外,滑油系统加油量需要保持在规定范围内,尽

量避免加油偏多或不足。

③检查直升机静电放电设备连接是否可靠,机上搭铁线连接是否牢固可靠,防止静电损坏或干扰设备正常工作。

④加强对发动机以及传动系统各密封部位密封状况检查,及时发现并排除渗漏故障。

3.1.2　高温差环境导致的常见故障及维护建议

(1)高温差环境下直升机常见故障

高温差环境下,昼夜温差大。由于摩擦件和不同材质的机件之间的收缩量不同,温差过大容易导致直升机部、附件出现以下几类故障。

①产品配合间隙变化,如操纵系统间隙变大。

②橡胶制品性能下降。温差大容易导致橡胶制品变硬变脆,老化加剧,诱发产生裂纹和断裂,如轮胎老化加快,油漆层脱落,橡胶胶圈密封部位密封效果变差,特别是燃油系统和液压系统胶圈、密封圈老化裂纹现象增多,出现渗漏频次增多,风挡冲洗装置等使用橡胶软管的设备老化断裂增多。

③高温条件下,导线的绝缘层会变质;低温条件下,导线的绝缘层会变硬变脆,容易折断。

④机件容易因热胀冷缩产生裂纹,如操纵摇臂、固定支座等部位易发生裂纹。

⑤管路连接处易出现渗漏,特别是液压管路、燃油管路受热胀冷缩影响渗油现象增多,冷气系统因热胀冷缩多出现压力下降的情况。

⑥各类密封胶和粘贴部位黏性下降,性能降低,如玻璃等透明件容易发生裂纹和开胶,涂抹密封胶的部位容易出现开胶、脱胶现象。

(2)高温差环境下直升机使用维护建议

①对操纵系统的主要使用维护建议。

高温差环境下应经常检查操纵系统各部位的连接固定保险状况,重点关注按耳、摇臂、导向等部件有无裂纹,活动部件之间间隙是否符合要求,对于润滑部件要经常检查润滑情况,缩短润滑周期,及时更换不合格的润滑脂。

②对着陆装置的主要使用维护建议。

A. 定期检查轮胎和缓冲支柱气压,使其处于规定值。

B. 使用机轮刹车时滑行速度必须低于规定,飞行后加强对轮胎的检查。滑跑起降后必须对着陆装置进行详查。

C. 缩短起落装置的润滑周期,及时按照规程规定的要求使用油脂对活动部位进行润滑。

D. 检查直升机机轮接地线应安装固定可靠,确保地面状态下静电能有效消除。

③对密封部位的检查注意事项。

要加强对玻璃黏合状况、机身连接件密封胶状况的检查,维护中避免油液污染,发现开胶时及时修复。对于管连接部位及时检查有无渗漏现象,定时复查安装固定力矩。检查冷气系统压力始终保持在规定范围,压力下降时及时更换或修复漏气部、附件或连接导管。

因此在维护中我们应尽量降低温差对直升机的影响,在午间和夜间,条件具备时尽量盖好蒙布,能入库时应及时入库,尽可能避免高温强光直射和低温环境下裸露野外停放。

3.1.3 强日光紫外线环境导致的常见故障及维护建议

(1)强日光紫外线环境导致的常见故障

①有机玻璃变色。有机玻璃长期受到强日光紫外线的作用,会使有机玻璃变色。

②有机玻璃银纹、裂纹。有机玻璃长期受日光、有机溶剂的侵蚀,以及应力会使有机玻璃表面产生银纹。在低温条件下剧烈振动时,还会使有机玻璃产生裂纹。

③橡胶制品老化。在强光照射下,橡胶制品老化加快。

④金属件和复合材料制品在强辐射环境下,表面涂层容易出现褪色、脱落等状况,加快材料衰变,性能下降。

(2)强日光紫外线环境下直升机使用维护建议

强日光紫外线环境下,应避免直升机和附、部件长时间暴露在日光下,可以入库的应当在飞行结束后及时入库,在野外环境下应及时加盖全机身蒙布。对于机轮、座舱玻璃等部位,应及时使用加绒蒙布进行防护。

3.1.4 强风沙环境导致的常见故障及维护建议

(1)强风沙环境下直升机常见故障

强风沙环境下风沙大,天气变化快,风沙对直升机起降和停放期间的影响较大,主要表现在以下几个方面。

①主、尾桨叶在大风中摆动大,采用柔性桨毂结构的直升机的弹性轴承受大风影响易受外力破坏而受损,桨叶易受风吹而损坏。

②风沙进入活动部件如操纵系统、升力系统等后,会使活动部位沙粒侵入后摩擦力增大,使磨损加剧。

③在维护中加注润滑脂时易吹入风沙,降低润滑性能,产生砂纸效应,使活动部件磨损加剧。

④沙尘中含有大量盐等腐蚀性物质,在磨损机体或机件表面的同时,使机件的腐蚀加快,特别是对发动机叶片的磨损,容易导致发动机性能下降,功率损耗增加。

(2)强风沙环境下直升机使用维护建议

①对"三油"系统的主要使用维护建议。

强风沙环境下沙尘、水分及空气中的污染物容易进入滑油、液压油和燃油"三油"系统,导致油液受到污染变质,引起系统工作能力下降或失效。另外液压系统在低压环境下容易导致流量和压力脉动,使液压系统元件工作性能变差。因此在维护中应注意以下几点。

A. 加强防尘防护,做好油料添加的防尘工作,避免沙尘进入各系统,并及时更换不合格或到期的油脂。

B. 及时清洁油箱和加油口,防止系统堵塞。

C. 按规定做好燃油系统的放燃油沉淀工作。

D. 及时清洁,做好润滑保养工作,并适当缩短润滑油脂的更换时间,防止流量降低或污染堵塞。

E. 及时检查各系统油量和系统的工作压力、温度参数,防止因油量过多或过少引起工作异常。

②对停放直升机的主要使用维护建议。

A. 及时盖好蒙布。每次工作完毕,应及时将各种整流罩、蒙布、堵盖等盖好,防止沙尘进入系统内部,保护机体表面漆层不被沙尘破坏。

B. 野外露天停时,进行主、尾桨叶系留和机体地面系留,挡好轮挡,机轮和旋翼刹车应可靠刹牢,采取必要的防风措施。风速大于 15 m/s,调整机头对正风向,采用大型车辆停于机头前面等措施进行挡风减速。

C. 堵好静压孔、通气管、排气口等部位,防止污染。

D. 加强与气象部门沟通联系,及时掌握天气变化,停放期间加强装备巡查警戒,发现异常及时处理。

③加强维护检查。

A. 及时清洁发动机进气道,保护发动机部件,提高发动机功率。

B. 拆装机件时,及时将裸露的机件、电缆插头等包扎好。

C. 经常检查机体状况,保持机体清洁,蒙皮、漆层完好;玻璃清洁,透视良好,无变形、划伤、银纹、裂纹等缺陷。

D. 经常检查各连接处。保证各连接处连接良好,润滑良好无磨损,各连接处的螺栓、保险等安全可靠。

④做好应急维护。

A. 要根据驻地的季节、气候特点,制定防范各种自然灾害的预案,并做好必要的物资准备。

B. 当接到恶劣天气预报后,机务人员应迅速飞行,组织人员到场,做好防灾工作。

C. 当有大风、冰雹预警时,应派人检查露天停放的直升机的蒙布、夹具、堵盖等是否盖好,必要时需重新加固。

3.1.5　低温雨雪环境导致的常见故障及维护建议

(1)低温雨雪环境下直升机常见故障

低温雨雪环境下,直升机蓄电池容量下降,起动困难;电气系统在低温低压环境下,晶体管、接触器等元器件可能出现无法有效触发现象,绝缘体的绝缘强度下降,电气产品的击穿电压下降,故障率升高。低温环境下,滑油黏度加大,起动难度大。

(2)低温雨雪环境下直升机使用维护建议

①及时加盖蒙布,防止雨雪进入系统内部,及时清除直升机表面雨雪,

做好排水、除雪、通风晾晒工作。

②低温雨雪时,燃油系统容易发生污染,油箱内的水蒸气因低温而结成水,所以应在停放期间保持油箱满油,及时放出燃油系统内的水分和沉淀。

③低于-5 ℃时,蓄电池应拆下存放于室内。

④发动机起动前,应盘桨 4~5 次,确认发动机和主尾桨旋转部位无积冰或冻结现象,防止起动时出现卡滞或异常噪声。

⑤及时更换使用手册规定的低温油液。

⑥盖好防冰雹蒙布,防止极端恶劣天气条件下砸伤直升机。

⑦试车或起动前应按规定进行设备通电检查,排除低温状况下设备故障,确保电气设备状况良好。

⑧试车和起飞前检查除冰系统和风挡加温等系统应处于良好状态。

3.1.6 复杂电磁环境导致的常见故障及维护建议

(1)复杂电磁环境下直升机常见故障

复杂环境下电磁环境类型众多,影响各异,频谱宽广,叠加拥挤,高原地区活动的各种军民用装备种类多,布置区域相对集中,一般在机场、公路、城市周边,电磁干扰大。不同区域的电磁信号在能量上表现出明显的密度不均。直升机在高原飞行期间电磁环境更为复杂,通信导航设备使用效能下降,其主要集中表现在无线电通信效果下降明显,通信距离明显缩短,话音质量差,噪声干扰增多增强,通信导航系统指示误差增大,电罗盘和组合导航系统指示误差增大,部分区域飞行时工作指示不稳定。

(2)复杂电磁环境下直升机使用维护建议

①加强对不同行业无线电通信频谱协调管理,直升机在超短波频段选择合适通信频率,避免相互叠加干扰。

②加强设备通电检查,飞行中根据任务计划设置通信中转站或者空中指挥联络直升机,加强通信联络的中转。

③完善数据链等多样化通信指挥手段。

3.2 复杂环境条件下直升机维护保障措施

3.2.1 复杂环境条件下航空机械设备的维护保障

(1)复杂环境条件下对机械设备带来的影响

①低气压带来的影响。

A. 发动机点火时机延迟。发动机燃烧室和压气机稳定性下降,点火起动时间变长。

B. 发动机功率下降。发动机进气道进气压力下降,燃烧室供氧不足,影响发动机输出功率。

C. 直升机气动性能下降。空气密度低导致直升机气动性能降低,旋翼升力下降,直升机操纵灵活性降低。

②温差、日照时间带来的影响。

A. 温差影响直升机载重量。随着气温的骤升骤降,直升机载重量不断发生变化。例如,直升机在 4 000 m 高度飞行时,当环境温度从 35 ℃下降到 0 ℃,直升机最大载重量增加 20%~30%;而当温度从 0 ℃继续下降时,载重量开始变小,当然这个数据也会因风速、风向、气压的变化略有不同。

B. 油气渗漏。直升机上各种机件间隙变大,机件松动、断裂,油气渗漏等故障会增加。

C. 老化加速。橡胶制品、有机玻璃等易变脆变硬,老化现象比较明显。

③沙尘带来的影响。

沙尘会导致机件磨损、堵塞、吸附水分,危害直升机机械系统、机体表面。油滤、油路管路易堵塞,易引发发动机喘振现象。各种材料绝缘性、密封性降低。

④冰雪带来的影响。

A. 影响旋翼、尾桨气动性。旋翼、尾桨易结冰,导致空气动力和飞行特性变差,直升机升阻比降低。

B. 影响发动机性能和安全。积冰若在进气道口,会阻滞气流,使气流发生局部分离。若冰屑脱离,进入发动机,会造成叶片机械故障,严重时可能导致发动机损坏或熄火;可能会导致燃油系统内部形成冰晶,易引起发动机喘振及燃烧不充分等现象。

C. 影响风挡玻璃目视性。风挡玻璃积冰会严重影响飞行员视野,进而影响飞行安全。

2. 复杂环境条件下对机械设备的维护保障措施

①发动机维护保障措施。

A. 复杂环境条件下应加强对直升机状态监控。飞行中和地面开动时要加强各项参数的监控。发动机的燃气温度、双发温差、功率、转速等都应在规定范围内(规定范围可查阅《直升机发动机使用维护手册》),每个飞行日后进行飞机、发动机参数判读,如监测到某一参数在持续增大或减小,则应提高警惕,分析查找原因,提前进行预判、处理。

B. 加强燃气温度感温原件的检查。发动机长时间处于大功率状态,燃气温度较高,加之感温元件老化,易出现超温误报,限制发动机工作的情况。复杂环境需加强感温元件检查,必要时更换热电偶等感温元件。

C. 定期清洗发动机。复杂环境可适当缩短发动机清洗时间间隔,如每3~4个飞行日清洗发动机一次,以稳定发动机工作性能。

D. 严格计算起飞重量。根据直升机所处海拔、温度、任务航线、飞行半径等要素,严格计算起飞重量,控制燃油加注、人员和货物装载。在山区野外起降时应当按无地效计算起飞重量。

E. 及时除冰。飞行前检查进气道内有无冰雪。严寒条件下起动发动机前用手柄摇转压气机转子、用手拨转动力涡轮转子,以确认发动机内部有无结冰现象。起动或关闭发动机时,严格按规定冷暖机。直升机将进入结冰区域时,应及时开启发动机进气道电、气加温。

F. 防超温飞行。在高原、山地夏季飞行时,滑油、燃气温度一般较高,空勤机械人员应注意直升机悬停时间不宜过长。

②防温差、紫外线辐射维护保障措施。

A. 经常检查冷却管道和散热器蜂巢,保持冷却管道和散热器蜂巢清洁畅通,在有条件情况下使用冷气对直升机冷却部件进行清洁。

B. 直升机停放期间及时加盖直升机蒙布,防止日光直射风挡玻璃、连接关节等。

31

C. 加强对各活动连接点的检查和维护,及时加注润滑脂,防锈蚀、霉变。

D. 关注各种油料品质,注意通气口的清洁通畅,防油料稀释变质、膨胀渗出,应根据直升机加油量和《直升机发动机维护手册》规定及时更换、加注,并视情况适当缩短各注油点的注油时间间隔。

③防风沙维护保障措施。

A. 尽可能选择有坚硬土壤或草皮覆盖的地面着陆,条件允许时,可预先洒水。

B. 直升机应尽量逆风起动发动机、起飞、着陆和地面滑行。尽量缩短近地悬停时间,尽量避免别的直升机飞行产生的风沙区或通过自然风沙区。

C. 及时清除进气道内的沙尘,定期用发动机清洗液和蒸馏水清洗发动机。

D. 添加燃料时,加油设备应清洁,并做好防护工作,防止沙尘污染油料。如油液污染应立即更换。

E. 严格按规定对压气机叶片的磨蚀量进行周期性检测(具体方法可查阅《直升机发动机使用维护手册》)。

F. 飞行时及时打开直升机的防尘装置。

G. 定期检查桨叶的磨损情况,特别是定期检测桨尖的磨损情况,检查桨叶前缘外包层或防沙胶条应胶结良好,无松动。翼尖罩固定牢固,螺钉无松动、脱落。

H. 飞行结束后或机械日应及时清除桨叶、桨毂各关节表面以及沉积在蒙皮和机件上的沙尘,防止沙尘对轴承或复合材料造成磨损、腐蚀。

I. 禁止在沙尘环境中更换发动机、主减速器等大件,开展直升机定期检查,进行油封、启封、拆装分解机件,清洗油滤等工作。

J. 直升机停放时充分做好防沙尘工作,切实严密地关好各部位的活动整流罩、舱盖、蒙布和堵盖等,防止沙尘进入直升机内部。停放直升机时应系好系留,挡好轮挡,在风力较大地域有条件时应将直升机固定在地钉上,或停放在山体等大型物体背风向。其他中型、重型直升机遇有大风预警时也应当固定机体,并使用防风夹具。

K. 加强对直升机控制系统、液压系统的检查,飞行时注意提醒留有余度,尽量避免接近极限状态飞行,且不能靠山太近,以免突遇强风无法避让山体。

④防冰雪维护保障措施。

A. 雪后应及时清除直升机上的积雪,防止冻结,并检查直升机上各通气、漏油管是否通畅。

B. 若直升机表面已结冰或蒙布冻结在蒙皮上,应用加温热空气法或除冰液除冰,严禁使用硬物敲击结冰部位进行除冰。不允许硬拉冻结的蒙布。直升机机身表面冰雪除尽后才能飞行。

C. 起动辅助动力装置和发动机前要对辅助动力装置和发动机进行冷转。

D. 飞行前应放净燃油中的水分和杂质。

E. 雨雪天添加油料时,应使用直升机配备的专用工具进行防护,严防雨雪落入油箱内。

⑤防低温维护保障措施。

A. 环境温度过低时,起动直升机前应当对直升机用热空气进行加温。

B. 飞行或地面行进结束后,应及时做好"罩、堵、套、盖"工作,防止机件的温度剧烈变化,造成直升机机件损坏。

C. 直升机飞行后,应及时放出油箱余油、冷气系统沉淀槽内的油和水分。冬季换季时应放出机上冷气瓶中的沉淀物。

D. 气温降低时,机体与操纵钢索的收缩量不同,钢索张力会发生变化,应及时将钢索张力调到规定值。

E. 加强各系统机件密封性检查,特别是轮胎、缓冲支柱、助力器等重点部位。

F. 加强对橡胶密封装置极易漏油漏气部件的检查,要及早发现并及时处理。

G. 不得随意扳动橡胶部、附件,拆装橡胶部件时要预热。

H. 严格遵守各部位螺母的拧紧力矩,定力时动作要柔和,防止力矩过大损坏机件。

I. 当外界温度低于 $-15\ ^{\circ}\mathrm{C}$ 时,应将对低温敏感的设备拆下放于室内保存。

(3)复杂环境机械设备维护检查重点(表 3.1)

表 3.1　复杂环境机械设备维护检查重点

序号	内容	备注
	发动机舱	
1	检查发动机舱内无沙尘、草屑及其他外来物	
2	检查进气道和分离器应清洁，无外来物，无机械故障；铆钉无松动；发动机各支点无渗油；叶片清洁、无故障	
3	检查滑油箱状况、固定和密封性	
4	发动机放气活门引起管完好，固定可靠	
5	发动机起动系统的各管路完好，固定可靠	
6	发动机排气管无裂纹，固定、保险良好	
7	燃油、滑油和灭火系统导管、软管的固定、保险和密封性，灭火环孔清洁	
8	检查、清洗发动机滑油滤	
9	更换或用超声波清洗燃油系统油滤滤芯	
10	检查、清洗燃油调节器燃油滤	
11	检查、清洗燃油调节器气滤	
12	检查、清洗燃油调节器空气限流嘴	
13	检查发动机防沙装置	
14	检查发动机排气管紧固情况	
15	检查、清洗金属屑信号器并检查其工作性能	
16	放出发动机燃油系统的空气	
17	清洗发动机	
	主减速器舱	
1	检查发动机和主减速器滑油系统导管固定可靠、无渗漏、无机械故障	
2	检查发动机和主减速器滑油散热器良好	
3	检查主减速器滑油量，必要时补加滑油	
4	检查灭火瓶固定和填充压力	
5	检查灭火系统导管和喷射环良好	
6	检查各功率输出及附件连接状况	
7	检查空气泵、液压泵、发电机等各导管状况	
8	检查燃油、液压和冷气系统附件、导管、软管状况及其固定和密封情况	
	液压系统、辅助动力装置	
1	检查液压油箱油面位于规定刻线之间	

续　　表

序号	内容	备注
2	液压系统机件、导管和软管固定和密封可靠	
3	各管路固定、保险可靠,清洁、密封良好	
4	辅助动力装置与机体固定可靠,各附件及燃油、滑油系统导管固定密封良好	
5	辅助动力装置进气道、排气管和供气管固定牢靠、无裂纹和机械故障	
旋翼、尾桨		
1	旋翼桨叶大梁、后段件和蒙皮表面没有: 凹陷、擦伤、划伤、裂纹、油漆层损坏和腐蚀。 防冰系统电加温易烧损,蒙皮鼓起;后段件后缘变形。 后段件之间结合处密封胶条龟裂和脱落。 后段件蒙皮与旋翼大梁等黏合处开胶超过规定值	
2	尾桨桨叶无裂纹、划伤、压伤、凹陷、腐蚀、油漆层损坏、橡胶垫和前沿包铁磨损	
3	检查桨叶蒙皮、加温层、包铁等的黏合状况	
机体		
1	检查尾传动轴	
2	查看机身隔框、桁条等的状况,确信无变形、裂纹	
3	检查尾梁内部框架,尾梁与机身、尾针梁的固定、保险状况	
4	检查直升机、发动机所有操纵拉杆、摇臂、手柄、安装座和滑轮导向器	
5	检查燃油系统机件、导管、软管的固定和密封情况	
6	检查并用超声波清洗直升机主液压系统油滤	
7	检查液压助力器固定架与安装座、安装座与主减速器的固定状况	
8	检查机身蒙皮脱漆、划痕情况,出现该情况及时修补	
测量		
1	检查发动机与主减速器的同轴度	
2	检查尾轴偏摆、同轴度及联轴节侧向间隙	
3	检查轮胎、支柱、蓄压瓶等的油气压力	
4	检查操纵线系中规定的技术要求	
5	检查测量各部位规定的振动值	
润滑		
1	检查清洁信号弹和弹匣、弹舱,并涂薄薄一层润滑脂	

续　　表

序号	内　　容	备注
2	取下并检查螺旋塞,检查旋翼桨毂滑油状况	
3	给旋翼桨毂各注油点注润滑脂	
4	给尾桨毂各注油点注油	
5	给尾传动轴注滑油	
6	给风扇传动轴注滑油	
7	给自动领针器各注油点注润滑脂	
8	给操纵系统注滑油	
9	给各部位进行润滑除锈	

(4)复杂环境飞行空勤注意事项
①航空机械专业。

表 3.2　复杂环境飞行空勤注意事项

项目	注意事项
发动机	高原高寒地区发动机功率下降。直升机载重量、机动性降低。发动机起动变慢,起动前应先冷转
燃油系统	高原高寒情况下,燃油箱内壁容易产生反霜结冰。冰晶混合在燃油中会造成发动机喘振、冒烟等情况。高原高寒每次飞行后应当补充燃油,填满油箱以防止结冰
液压系统	温差、日照辐射等环境会造成液压系统管路密封性能降低。液压系统可能出现液体泄露情况。由于液压系统传感器、电磁控制器等动作性能降低。可能出现主液压系统非正常切断现象
防冰系统	高原高寒地区防冰系统使用频繁,应注意合理使用。进入结冰区时,由于结冰信号器可能出现延迟,应当提前开启防冰系统。以防结冰成形影响直升机升力和操控性能。发动机进气道形成结冰后脱落,易打伤发动机叶片
起落架	直升机整体气动性能降低,且起落架受环境影响其缓冲能力减弱,操纵直升机起降动作要柔和,以防故障起落架
气动系统	直升机气动系统在高原高寒地区工作性能降低。空气压缩机失效、冷气系统管路漏气现象时有发生。偶发减压活门、刹车调压器失效现象

续　　表

项目	注意事项
机载辅助动力装置	直升机机载辅助动力装置起动变慢,供气压力较平原地区明显降低,排气温度上升。辅助动力装置供气管路常发生放气活门密闭不严漏气、管路套管脱落漏气现象
发动机供油系统	直升机易受高原沙尘影响,油路被外来物受蚀。注意对油滤检查清洗。因直升机热电偶老化、发动机进气道口温度传感器导线易折断,发动机电子调节器会出现故障或错误控制发动机供油状态
发动机检测仪表	发动机检测仪表检测发动机的转速、温度、压力等信息。偶发某一项参数仪表指示故障。此时很有可能是传感器或显示仪表故障。应参照其他仪表指示状态,综合分析发动机性能指标,以防误操作
排气系统	高原飞行发动机燃烧不充分,易产生黑烟,排气口积垢较多,注意定期清洁
滑油系统	滑油系统管路易发生泄露,导致滑油量下降、润滑降温效果下降,滑油温度上升快
起动系统	高原高寒地区起动系统性能降低,起动时间增长;且需注意热机,操作应当柔和
直升机传动装置	传动系统易受沙尘侵蚀影响,应做好防沙尘工作。起降应选择条件较好的场地,若必须在沙尘地带起降,一定要操作准确果断,减少在沙尘中停留时间。若油液中有沙尘侵蚀,可能会造成金属屑传感器报警。此时应认真检查,按维护规程完成配套工作
各种装置冷却系统	冷却系统进气道口防尘网易受沙尘、冰雪影响产生积垢,影响冷却性能。在高原高寒地区飞行前,应根据环境调节好风扇扇形导流板,控制进气量
操纵系统	操纵系统钢索易出现断丝,应监控断丝量。操纵系统线路应注意润滑保养良好。该地区易出现操纵力矩大、操纵困难现象。这是由于操纵系统间隙不合理、润滑性能下降、被沙尘等异物卡滞操纵线路等

表3.3　航空电子专业维护注意事项

项目	注意事项
发动机起动系统	高原高寒地区空气密度低、氧气含量低。发动机起动时间相较平原地区会相应延长,且高原高寒地区起动发动机应先进行发动机冷转
交流电源系统	高原高寒地区交流电源系统绝缘性能降低,且由于加温除冰系统需求,用电负荷加大。交流电源系统在严苛环境下满负荷运行,可能会出现交流发电机故障。交流发电机采取的是风冷冷却模式,从风扇舱接入的冷风由于空气密度低、大气温度升高等影响,冷却效果会降低。通风冷却不好会造成发电机温度过高,碳刷膨胀卡滞,发电机不发电

续　　表

项目	注意事项
直流电源系统	高原高寒地区对蓄电瓶电压及容量有影响。蓄电瓶提供电压可能降低。若蓄电瓶电压低于 24 V 会对设备起动点火造成影响
传动系统检查仪表	高原高寒会造成滑油性质发生改变，油料黏稠度和空气杂质含量改变，会造成滑油压力摆动以及滑油温度变高
全静压系统、膜盒仪表	高原高寒地区全静压系统易受雨雪、风沙影响。若雨雪、风沙进入管路，会造成空速、高度、升降速度指示不准、抖动。高度通道管路受到影响，还可能造成自动驾驶仪高度通道冲动。膜盒仪表受环境影响会出现指示误差，如空速表受温度影响指示空速与实际空速误差会变大，应按照空速修正表进行修正
液压系统	密闭管路受高原高寒影响较为明显。高原管路渗漏情况会增液压多，且负责管路切换电子元伴的性能降低，有可能造成液压通路错误切断
防冰系统	高原高寒地区防冰系统使用频率高，强度大。进入结冰区前一定要提前开启防冰系统，防冰系统电加温会加大交流发电机负荷，且对直升机交流电整个配电网络造成一定的负载影响；防冰系统气加温会造成发动机功率损失，且使用气加温需要注意供气管路的通断时机。操作时要按照规定预留管路通断电机的工作缓冲时间。错误通断可能会造成发动机功率不匹配
加温炉	高原高寒区加温炉使用频繁。由于空气稀薄、氧气含量少。加温炉工作时可能出现冒黑烟、点火不成功、熄火等情况
电调	电调为了能正确调节发动机工作状态，需要感受大气温度、大气压以及发动机各项参数。其中发动机进气道大气温度传感器由于安装角度限制，线路弯折角大。受环境影响内部线路容易折断、脱落，造成电调故障
多普勒雷达	高原山区与湖面交错，需根据情况改变其工作模式，更精准对飞行速度进行测算。
无线电高度表	无线电高度表测量的是对地高度，由于高原山区较多，在同一海拔平飞中会出现高度的变化，需飞行员注意与气压高度表相结合，注意观察地形变化选择合适高度进行飞行
气象雷达	气象雷达对强反射物都会显示红色提醒，在飞行使用中，需特别注意区分厚云层与山体反射区别，选择合理线路进行飞行
超短波电台	在高原飞行中，大都在山谷中飞行，而超短波电台直线传播特性将大大影响通信质量。例如在飞行训练中，往往超出机场一定距离后就无法通过超短波电台进行通信
惯性导航	导航进行 3 min 快对或 8 min 精对时会出现对准故障。惯性导航惯性设备受温度影响较大。温度过低，对准会出现问题，出现不完全对准或设备持续显示对准进行中

3.2.2 复杂环境下航空电子专业的维护保障

（1）复杂环境对航空电子专业设备维护保障的影响

①低气压带来的影响。

A. 低气压导致电子元器件的外部绝缘性降低，外部绝缘表面及不同点位的带电间隙较易击穿。

B. 航空电子系统陀螺、膜盒仪表、加温炉、燃油管路等密封容器或管路内外压力差增大，长期处于较大压力差时，将引起管路形变、气体和液体泄露。

C. 继电器、接线盒、按钮等电子产品火弧困难，触点拉弧产生的氧化物、积炭导致开关通断能力下降、电寿命缩短，常见较难排除的软故障。

②温度变化带来的影响。

A. 每日温度变化使航空电子设备电子元器件性能出现波动，高分子绝缘材料老化、变形，涂敷层或保护层龟裂脱落等。

B. 高温使仪电设备减震性能降低，仪表的温度误差变大，仪表容易超温使用，有阻尼器的仪表稳定性降低等。

C. 低压电器产品动作性能变差，继电器易出现"软故障"（时好时坏）。

D. 温度变化对电气产品的电寿命产生一定影响，部分机件提前失效。

E. 低温环境下，蓄电池放电不完全，整体放电容量减小，放电电压降低，每次充电后可起动直升机的次数下降。

F. 低温环境下，电磁开关响应慢，造成伺服系统响应延迟，低温使触点不能正常转换，尤其是转换开关、断路器等小功率继电器更为明显。

G. 航空电子设备各类电路板、电子元器件（电容、电阻、芯片等）均有工作温度要求。通常温度低于−15 ℃时，将导致芯片工作不稳定，低于−40 ℃时则无法正常工作，导致设备寿命缩短。

H. 低温造成材料塑性和韧性降低，脆性增大，容易出现裂纹和折断，因不同材料的膨胀系数差异，导致渗漏、卡滞、松动、断裂以及电接触部位故障明显增多。

③日照辐射带来的影响。

A. 降低有机绝缘材料的机械电气性能，产生热胀冷缩等机械热效应等现象,使材料变形,造成部、附件性能降低。

B. 紫外线将使有机绝缘材料加速老化。

④风沙带来的影响。

A. 导致通风管道的堵塞和产品设备表面积尘,污染润滑,降低冷却效能。强烈的风沙会使设备外表涂敷层磨损、龟裂、起泡、脱落。

B. 导致罗盘接收机产生卡滞,影响灵活性和可靠性。灰尘会降低波导系统高频电能的传输效率,导致信号传输品质下降。

C. 直升机与沙粒之间及沙粒间摩擦产生的静电效应易引发电敏器件故障,也可使无线电通信和无线电罗盘受到严重干扰。

⑤冰雪带来的影响。

A. 直升机动、静压孔积冰会使空速表、高度表、升降速度表等一些重要驾驶仪表失效或者失真。

B. 直升机天线积冰影响通信,严重积冰能使天线同机体相连发生短路,无线电设备失灵。

⑥静电带来的影响。

A. 直升机在干燥环境下飞行时静电现象严重,静电的积累和随后的放电造成的电磁能量会对无线电设备造成干扰和损害,对于大量采用微电子工艺部件的产品或设备影响更严重。

B. 静电会对操作接触设备的操作人员造成电击,影响操作人员的情绪,引起紧张心理,容易导致人为差错。

⑦高山峡谷带来的影响。

A. 对无线电波的传播影响很大。无线电台会出现联络距离缩短或联络不通的现象。短波会出现越级现象。

B. 无线电罗盘工作于中波波段,会出现白天的定向距离大大缩短,夜间又有所增大的夜间效应,且稳定性变差。

C. 由于山体对磁波的反射、散射和绕射作用,使无线电罗盘产生误差(山地效应),还可能引起定向摆动增大等问题。

(2)复杂环境下航空电子设备维护保障措施

①防低气压维护保障措施。

A. 加强对电接触部位的检查,尤其要加强电机电刷、整流子检查。

B. 必须特别注意保持电触头清洁和通风良好,以防电触头在工作中出现接触不良。

C. 对于装在密封壳内的电触头,则应注意保持壳体的密封,并使内部的气体具有足够的压力。

D. 调整余压机构以提高产生余压的高度,避免出现自动供氧现象。

E. 加强对氧气设备(氧气瓶)的固定检查,防止因直升机振动和压差发生泄漏,造成安全隐患。

F. 采取措施,以提高氧气系统的密封性,定期检查氧气系统管路的密封性能。

G. 必须保证起动电源有足够的电压和容量,气源要有足够的压力,对容量不足的蓄电池应及时充电或更换。

H. 对直升机起动发电机或辅助动力装置,应经常检查以保证其工作性能良好,起动发动机时能提供稳定可靠的电压和气压。

②防温度变化维护保障措施。

A. 对气压式高度表和空速表进行温度误差修正并绘制误差修正表,修正表应当清晰、醒目、准确。

B. 空勤人员提醒飞行员注意按修正表修正参数。

C. 加强通电检查,预防温度变化造成航空电子系统设备失效。

D. 加强橡胶制品、导线、导管检查,出现异常及时更换。

E. 保持仪电设备的清洁、通风良好。

F. 夏季气温较高时应做好电子舱等部位的通风散热措施,保证直升机上各种通风散热孔畅通,电子设备的地面通电时间不宜过长。

G. 超过温度范围时不应起动加温炉进行加温。

H. 尽可能保持润滑部件密封良好并防止工作温度过高,按照实际需要适当增加加油次数,加强经常性的检查。

I. 注意检查减震垫等橡胶制品,若发现有发黏现象,应及时更换。

J. 气温低于-5 ℃时,如果直升机不参加飞行,就要将蓄电池取下放于室内保管,蓄电池应及时补充电解液并充电。

*严寒低温条件下,各种继电器和微动开关的活动触点和电位计上的活动电刷极易结霜,遇到此类故障时要注意加温除霜,减少不必要的拆装

工作。

*正确进行拆装、分解、调整、校验等维修工作。严寒条件拆下机件应包裹完好,送内场后不要立即打开,以免内部零件表面结霜。

*在拆装机件和排除故障过程中要注意不能对电缆、导线用力过大。动作要柔和,电缆导线的弯曲半径不能过小,以免导线绝缘层破裂。

*表盘内结霜影响判读时,应检查表蒙的密封性和表蒙内的涂胶情况,可在仪表玻璃的内表面涂一层透明的动物胶。

*飞行前后加强检查短波电台钢索天线(单极天线),适时调整天线长度,防止天线断裂或者拉裂水平安定面接耳。

③防日照辐射保障措施。

A. 避免阳光直射敏感元器件。特别注意气象雷达天线的涂敷层对紫外线辐射敏感,在维护保养时,应避免气象雷达天线被阳光直射。

B. 加强对暴露在机体之外的橡胶制品检查,如直升机旋翼除冰电缆插头保护套容易出现裂纹。应加强检查堵好堵盖,盖好蒙布。

C. 在直升机进驻复杂环境之前应对电缆、导线进行包扎或改用人造革、绝缘绸布、玻璃丝布等材料包扎。

D. 加强对胶质减震垫和塑料导管、胶管的检查,发现裂纹、泄漏等现象应及时更换。

④防沙尘维护保障措施。

A. 清洁空速管、电动绞车、钢索天线等外露设备,防止磨损和堵塞。

B. 定期打开航空电子设备各舱口盖,清洁除尘。

C. 机械口进行驾驶舱清洁,使用冷气吹净或吸尘器清洁驾驶舱沙尘。

⑤防冰雪维护保障措施。

A. 要注意全静压系统的维护,冬季地面滑行时冰雪极易进入空速管内,影响动静压系统各仪表和传感器的工作和指示。风雪后及时清除机件表面的积雪,检查各通气孔管路是否畅通。

B. 飞行中进入结冰区时,对空速管进行加温,以免造成管路堵塞。

C. 加强对防冰加温系统检查,使其处于良好状态。

D. 定期检查结冰信号传感器工作情况。

E. 将防冰系统电加温电阻阻值调至规定范围。

F. 减少或避免在室外拆装分解机件,防止冰雪进入机件内部。

G. 防止雨雪进入电子设备内部,雨雪后应及时清除设备表面的雨雪,不能用敲击、刮除等方法除冰,而应用热空气加温或用酒精除冰等方法。

⑥防静电维护保障措施。

A. 维修、校验设备时,注意预防静电对器件的影响,仪器设备要良好接地。

B. 机件表面灰尘要用绒布擦拭,不应用绸布,以免产生静电。直升机接地应确保良好。

⑦高山峡谷条件下维护保障措施。

A. 飞行中无线电通信和无线电罗盘会受到干扰,若空勤人员反映此类设备有问题,应仔细检查后再进行维修工作,不要"大拆大卸"。

B. 检查无线电通信设备,山谷穿行会造成无线电通信不畅。

表 3.4　复杂环境下航空电子设备维护检查重点

序号	内容	备注
	蓄电瓶	
1	蓄电瓶舱内应清洁、无锈蚀,不应有污垢和机械故障。确认在蓄电池可见部分舱中及盖上没有电解液渗漏痕迹。电瓶舱盖开启灵活,连杆无变形	
2	蓄电池固定应牢固可靠,外表清洁完好,蓄电池塑料壳体、绝缘板不应融化和损坏	
3	插销街头的插孔应清洁,无烧伤铸蚀和机械故障	
4	通大气孔应畅通、清洁,无老化	
5	经窗孔检查电解液高度	
6	检查蓄电池组壳体和直升机壳体之间的绝缘阻值	
7	调压保护装置舱盖完好,设备安装牢靠,插头连接良好,电缆固定包扎完好	
	环空系统或加温炉	
1	环空系统或加温炉的进气部分不应有机械故障和外来物,进气口密封良好	
2	整流罩外形与结构完好,舱盖开启灵活,锁扣应能可靠地将整流罩固定在关闭位置,此时锁扣的操纵手柄应与蒙皮齐平,舱内清洁,无异物和锈蚀	
3	舱内各部件固定牢靠,连接、保险良好,电缆、插销导管、排气管等无破损	

续　表

序号	内容	备注
4	包扎、标识规范	
5	余油盒放油开关应无渗油	
缓冲支柱		
1	固定牢靠,保险良好,无机械故障	
2	导线、导管连接可靠,包扎无破损	
3	微动电门间隙符合规定要求	
4	缓冲支柱伸缩量正常	
尾桨除冰电缆及导电集流环		
1	外观完好,无明显变形故障,清洁,无油污	
2	安装固定及保险良好	
3	电缆包扎良好,无磨损,胶皮套无老化	
4	测量旋翼加温插头插针电阻、绝缘电阻应符合规定	
超短波天线		
1	确认天线干净,无机械故障和漆层破坏	
2	天线表面不应该有裂纹、凹陷、弯曲、漆层破损等故障	
3	紧固螺钉不应有松动	
4	天线底座不应有裂纹	
5	密封状况良好	
氧气系统		
1	氧气瓶固定良好	
2	氧气瓶压力指示符合规定	
3	氧气瓶管路连接良好,无机械故障	
4	氧气系统密封性良好	
5	氧气面罩、转换接头等配件齐全	
旋翼集流环、旋翼根部加温电缆插销		
1	安装固定牢靠,保险正确有效	
2	线缆卡籍可靠,橡胶保护管、套完好,插销拧紧,橡皮套排水孔畅通	
3	测量旋翼加温插头插针电阻、绝缘电阻应符合规定	
短波钢索天线		
1	天线各部分固定、连接应牢靠	

续　　表

序号	内容	备注
2	天线支架、穿壁绝缘柱、防冰罩、绝缘子及明胶玻璃支柱、松紧螺套、缓冲器均应完好	
3	引入线和接线柱不应锈蚀、松动,连接挂钩不应有严重磨损	
4	按压天线应当有弹性、无松弛现象	
5	天线应清洁、无悬挂物,钢索断丝超过总束1/5或一股中断丝超过3根时应当更换	
防沙装置电加温部件检查		
1	打开防沙装置整流盖,检查内部电加温部件。内部应当平整无鼓包、无烧焦痕迹	
2	检查后将防沙装置重新安装良好,保险垫片应当无裂纹且紧固作用良好	
3	防沙装置电缆线应当固定良好且不与活动舱盖触碰摩擦	

3.3　复杂环境条件下直升机的基本维护

复杂环境条件下的大气温度、日光、风沙、雨雪、水汽、尘埃等因素,对直升机装备随时都会产生不良的影响。研究不同自然环境条件下的维护特点,就是在认识这些因素的有害影响的基础上,采取维护保养措施,限制其破坏作用,以提高直升机装备对环境的适应性。

3.3.1　直升机的停放和保管

3.3.1.1　直升机的停放
(1)停放要求

直升机一般停放在停机坪上或机库内,停放时应符合以下要求:

①便于迅速滑出起飞,又便于疏散、隐蔽和伪装。

②便于组织战斗使用和进行维护保养工作。

③能保证直升机出入和人员工作的安全。

④应保持直升机处于良好状态,保证一旦需要,就能立即起用。

⑤避免或减少自然条件对直升机的侵害。

⑥保持停放地点的秩序良好,并有专人负责警卫。

(2)停放期间的工作

①关好所有舱门和舱盖;挡好轮挡(必要时对直升机进行刹车),防止直升机移动;把直升机接地线可靠接地,防止由静电跳火而引起的火灾。

②把旋翼放至最低距位置并刹住旋翼;盖好桨叶蒙布。系留桨叶蒙布时,应用一个垂直力向下拉桨尖,使系留索有个合适的细紧度,然后固定好系留索。

③堵好进气口堵盖,套好排气管、空速管布套;盖好所有蒙布。

④雨后、雪后、风沙后的工作参照维护规程的基本要求实施。

(3)直升机在不同条件下的停放

①露天停放。

直升机露天停放有两种状态,即主旋翼展开停放和主旋翼折叠停放。

A. 机头迎风停放。

B. 转动主旋翼直到与直升机中心线成45°角。

C. 进行旋翼刹车。

D. 在旋翼桨叶尖部罩上旋翼蒙布。

E. 在旋翼不变形的前提下拉紧系留索,在绳与系留环接触处做一标记,然后拉动钢索外移100 mm左右,使其牢固地系在系留环上。

F. 在座舱、尾桨、旋翼桨毂、空速管、静压孔、发动机进气道和尾喷管等部位装上堵盖及布罩。

如果风速超过37 km/h,必须罩上桨叶布罩。如果风速超过74 km/h,必须按地面系留要求实施强风系留。

②冬季停放。

A. 在温度高于-10 ℃及下中雪旋翼展开时的停放。

完成日最后一次飞行之后,进行飞行后检查,并用防冰液涂在桨叶、舱门铰链和闭锁装置上。

在完成主旋翼展开露天停放工作的基础上,堵上滑油散热器进气口堵盖。

B. 在温度高于-10 ℃及下大雪,或者温度低于-10 ℃,旋翼展开时的停放。

A. 完成下中雪时的停放工作。

B. 加装旋翼桨叶布罩和桨叶叶尖系留布罩。

3.3.1.2 直升机的保管

直升机在停放期间,虽然没有机械损耗,但是受自然条件的影响,机件仍会发生变化,如果保管不当,就会产生锈蚀和故障。因此,要按照规定的时间、内容和要求,认真地维护保养,保证直升机没有锈蚀、故障,一旦需要,就能随时启用。

直升机的保管分为非油封保管和油封保管,由于油封保管的工作程序比较复杂,也受场地限制,一般情况下,实行非油封保管。

直升机在保管期间的维护保养工作,由维护该直升机的机务人员负责。人员应当相对固定,责任必须落实,按规定实施定期维护与检查。

在保管期间,按照规定的期限、内容和要求进行维护保养,同时根据气候和保管条件等具体情况适当增加检查内容,及时排除和有效预防故障与锈蚀,保证直升机处于良好状态。

预计长时间不使用直升机时,可以对其进行油封保管。直升机油封保管要经过上级批准,并报上级装备部门备案。

直升机油封的日期和期限,以及在油封保管期间所进行的工作,应当由负责保管的机械师和专业员及时记入履历本。质控室应当掌握本航空公司油封直升机的有关情况。

3.3.2 直升机的牵引

直升机的停放位置需要移动时,近距离可用人推,长距离可由飞行员滑行操作,但为保证安全和节约油料及发动机寿命,一般应采取牵引的办法移动直升机的位置。

3.3.2.1 长距离牵引(牵引车牵引)

(1)准备工作

①检查直升机周围及牵引区域无障碍物。

②检查并拆下所有系留装置。

③必要时,打开前起落架中立锁(在驾驶舱内操纵)。

④判明轮胎、缓冲支柱气压是否正常。

⑤检查和安装牵引杆。检查牵引杆有无弯曲变形、裂缝等,安全销是否完好;将牵引杆安装在前起落架牵引轴套上,然后将牵引杆挂在牵引车的挂钩上,并盖好挂钩销盖,插上保险销。

⑥松开停机刹车,并搬开所有轮挡。

(2)牵引直升机

牵引直升机一般由机械师站在牵引车司机舱门外的踏板上进行指挥,直升机座舱内要有人员负责紧急刹车,直升机两侧应布置警戒人员,注意牵引中的安全。

直升机被牵引到新的停放地点时,使前机轮对正直升机中心线,缓慢减速,并刹住机轮;必要时放置轮挡,最后从牵引车和直升机上卸下牵引杆。

(3)注意事项

①严禁使用装用不合格的安全销的牵引杆来牵引直升机。

②为防止轮胎损坏或在轮缘处滑动,牵引之前不要转动前机轮。

③使用柔性牵引设备时牵引速度不得超过 5 km/h,使用刚性牵引设备时牵引速度不得超过 15 km/h,并严禁突然加速和减速。

④转弯时半径不得小于 0.329 m(根据直升机大小不同转弯半径一般在 0.3~2.0 m)。

⑤牵引过程中,如果牵引杆安全销被剪断或因其他原因要求停车时,应先通知座舱人员刹车,然后再通知司机停车,直升机未刹车时,牵引车不得停车。

⑥夜间牵引时,应有规定的联络信号,并打开滑行灯、航行灯和翼尖灯。

⑦牵引过程中,禁止任何人上下牵引车或直升机。

3.3.2.2 短距离牵引(人力牵引)

(1)准备工作

短距离牵引与长距离牵引相比,短距离牵引不需要牵引车,而且所使用的牵引杆亦有所不同,其他准备工作相同。

(2)牵引

牵引时,人员应进行分工,并由掌握牵引杆者负责指挥和控制直升机的移动方向,两侧人员按指挥者的口令行动。指挥者根据直升机要到达的停放位置和方向,确定合适的路线和采取简捷的方向变换,较迅速准确地把直升机推到预定的位置。

（3）注意事项

①为防止轮胎损坏或在轮缘处滑动,牵引之前不要转动前机轮。

②严禁将直升机蒙皮和整流罩随处堆压。

③牵引过程中,当出现危及安全的紧急情况时,发现的人应立即发出"停"的口令,其他人员听到口令后,应立即停止推动,座舱内人员应立即刹车。

④转弯半径不得小于 0.329 m(根据直升机机轮大小不同转弯半径一般在 0.3~1.0 m)。

3.3.3 直升机的维护与保养

直升机的维护与保养,分为日常的维护与保养和特殊环境下的维护与保养。日常的维护与保养主要包括正常情况下的清洗、润滑、充填、校验、调整等。此外,机件的拆装也是日常的维护与保养中常见的作业技术。特殊环境下的维护与保养,主要有各种地理环境、气候条件以及飞行环境下的维护、保养等。

3.3.3.1 日常维护与保养

直升机的日常维护与保养工作主要包括正常情况下的清洗、润滑、充填等。

（1）清洗

清洗是运用相应的工具设备和液体,清除直升机及其设备、机件上的附着物、污染物以及腐蚀生成物等,以保持表面原有的光洁,防止某些设备、机件的性能和特性变化的作业。清洗不只是日常的勤务工作,某些特定的清洗工作(如直升机表面的清洗、发动机压气机叶片的清洗及直升机部、附件和主要功能系统的清洗等)是技术性较强的作业。

①直升机机体表面的清洗。

直升机机体表面的清洗是一项很普通却又很重要的工作。其主要作用是防止腐蚀,减少表面阻力,节约燃料,以及保持光洁和美观,对受核武器、化学或生物武器影响的直升机来说,还有一项重要的作用,就是洗消核、化学或生物的沾染。

腐蚀是直升机的大敌,而直升机沾染的尘埃和水珠往往具有一定的腐蚀性,特别是海上、海岸、盐湖和工业污染地区的尘土。清洗的防腐蚀作用不仅在于清除了腐蚀性物质,还在于有利于检查油漆层的情况。此外,直升机沾染了尘土和油污后,不仅影响美观,还增加空气阻力,影响气动性能,增大燃料的消耗。因此,直升机必须定期清洗。

清洗一般用稀释的碱性清洗液(如质量分数为3%的洗衣粉水溶液),在冲洗的清洗液中,应加有防腐剂。大型直升机的清洗作业比较繁重,现在许多国家正在研究机械化清洗装置。

清洗周期要根据具体情况而定。例如,在海上执行任务的直升机,每次返回机场或陆地时,都要清洗,在沿海或工业地区飞行,最好也是每次飞行后清洗一次。直升机的清洗要严格遵守洗消站的各项规定,其方法和一般的清洗相似。

注意:座舱上的有机玻璃不能用汽油、酒精、丙酮等有机溶剂来清洗,如果没有专用的清洗剂时,可以用中性肥皂水以及脱脂棉或绒布擦洗,最后用清水擦净。

②发动机压气机叶片的清洗。

直升机超低空飞行或在野外飞行环境恶劣,发动机在使用过程中,压气机叶片上会附着空气中的尘土、鸟虫粪便、污垢等,使压气机的效率变差。清洗压气机叶片是恢复发动机性能,防止腐蚀和延长其使用寿命的有效手段。因此,涡轮发动机进气道、压气机叶片以及发动机喷射油道的清洗,是一项定期的维护保养作业。

清洗剂的选用要根据清洗的目的而定。清洗盐渍时,用水清洗即可;清洗污垢时,要用专用清洗剂、航空煤油和水的混合液,各种组成的配合比例,要视清洗剂的品牌及型号和清洗时的气温而定,清洗用的水必须是软水。

清洗时,要使用专门的清洗压气机地面设备。为了增加洗涤效果,应在直升机发动机运转时进行清洗,发动机的运转可采用冷转法、假起动法或热起动法等。冷转法、假起动法适用于除盐洗涤,也可用于除污(恢复性能)洗涤;热起动法用于除去较重污垢的洗涤,清洗后还要再冷转、喷水,洗净清洗液痕迹,并吹干压气机。

清洗周期视清洗的目的和直升机的工作环境而定。例如,在海面飞行的直升机,每飞行日要做一次除盐清洗;在沿海地区飞行的,可以每周做一次除盐清洗。一般情况下的除污清洗,可以在定期检查中进行。

③直升机油液系统的清洗。

直升机油液系统泛指直升机燃油供给系统、发动机的燃油系统、直升机主减速与发动机的滑油系统,以及直升机的液压系统等。直升机油液系统的清洗与保洁是一项十分重要的维护保养作业。由于这些系统机件多,工作条件恶劣,金属零件与橡胶密封件摩擦,加上油液保管、运输、加注时易将尘土、水分等杂质混入其中,造成油液污染,带来系统机件磨损、卡滞,油液泄漏,工作效能降低,严重时如操纵系统助力器卡滞等还会导致灾难性事故。

对油液系统的各种过滤器,必须按规定及时拆下清洗,要定期检查油液的清洁度,通常用检查、检测油液中固体颗粒大小和含量的方法,来确定其被污染的程度。当油液超过规定的污染等级标准时,则应更换被污染的油液,并用专门的设备清洗油液系统。另外也可采用油液净化法,加装磁滤等来清除部分污染物。据介绍,一种运用静电吸背原理设计的静电净油机,能除去油液中的金属和非金属颗粒、气泡以及胶状物等,过滤精度可清除 0.01 mm 以下的杂质颗粒。

在日常维修中诸如发动机燃油调节器油滤、液压操纵系统油滤、助力器油滤的清洗以及武器发射装置的定期分解擦洗,射击后的清除积炭等,都是技术性较强的清洗作业。

(2)润滑

日常维护保养中的润滑,主要是指及时清除旧润滑油脂,添加新油脂以保证机件良好润滑或防锈的过程。

润滑所用油脂的品牌及型号必须按该机型的专门规定来选择。一般的做法是先用无铅洗涤汽油或煤油清洗活动接头上旧的油脂,然后再涂新油脂。有些难以接近的地方,如密封接头、轴承等,还需使用专用的清洗设备和加注工具。要注意润滑钢索,一般要求每年进行两次钢索润滑,其具体做法是把钢索泡在滑油和汽油的混合液内 30~60 min,这样使混合液能渗入钢索的钢丝之间,待汽油挥发后,留在钢丝间的滑油就能保证良好的润滑和防止生锈。仅在钢索外表涂抹滑脂的做法是不能起到良好润滑作用的。

（3）充填

充填是指直升机燃料、滑油、特种液体和各种气体的视情况补充和润滑,特种液体的定期更换,以保证直升机的正常使用和规定任务的完成。所用油料、气体也必须按有关规定严格执行。

保证所加油料的清洁。为此,在每次飞行前加油时,有关负责人必须检查油车、管道加油口、油料化验单和油样,以保证油料的质量。在复杂气象条件下加油时,要采取有效措施防止水分和尘土落入油箱。平时要注意滑油与特种液体容器的清洁。

加油时要严格执行安全规定和措施,如加燃油时,禁止直升机通电、充氧和做跳火花的工作等。加油时,直升机和油车的接地线都必接地,禁止在雷电天气加燃料,加油后要验证是否已盖好加油口盖,严防因注口盖未盖好引起事故。除有特别规定外,一般情况下不同品牌及型号的油料禁止混用。

在给直升机充冷气时,要检查冷气瓶内有无水分,以免水分进入系统;充氧气时要严禁接触油脂,以防爆炸;氧气、冷气、氢气容器,要有明显的识别标志,以防错用,酿成事故;在向直升机充填时应严格执行各规定的压力标准。

拆装是为了更换机件或进一步检查判断某些机件的技术状况,在日常维护保养中,必须掌握正确的机件拆装技术,以保证维修质量和使用操作安全。拆装时必须了解被拆机件的性能构造和拆装要求,并严格按照工艺操作规程进行,在日常的机件拆装当中,要特别注意掌握以下基本技术问题。

①要注意弄清拆装顺序和定位要求,对于装配位置有严格要求的机件和管路、线路,在拆卸、分解时,要记清定位标志,必要时要做好记号。对拆下的机件要按规定进行封装管口,线路接头要装上堵头或包扎,以防止进入尘土杂物。对易燃、易爆和容易发生误拆的机件设备进行拆装,要严格执行操作程序和安全规则。在分解装配时如遇有异常情况,要查明原因,切忌强行拆装。要防止漏装、错装,装配过程中要仔细检查各种设备舱和机件内部,有无多余物和外来物。

②要掌握正确的连接、紧固方法,要严格按照维修工艺卡或有关说明书要求,进行装配。要保证适当的安装紧度,对有限力要求的紧固部位使用定力工具。对有润滑与防腐或密封要求的部位要按规定采取措施;要保持必

要的安装间隙或间距,以防止飞行使用中机件、线路间的磨损;要按规定的保险方式连接,正确做好各个部位的保险,以防松脱,造成严重后果。

③要严格装配质量,保持机件系统的工作协调性。在拆动了影响系统性能的机件或进行了影响系统性能的维修工作后,应检查系统及其联动部分的工作情况,并按有关规定进行必要的校正、调整或试验工作。

3.3.3.2　特殊环境下的直升机维护与保养

特殊环境下的直升机维护与保养,主要有各种地理环境、气候条件以及飞行环境下的维护、保养等,包括防潮、防高温、防寒与防风沙等。

（1）防潮

潮湿是引起腐蚀的最普遍的原因,一般采用遮盖密封、保持各类防护层的完好、排水通风和加温驱潮等措施来对直升机进行防潮任务。

①遮盖密封。

每次任务结束后,都要确定盖好蒙布和防雨设备。降雨或有雾时,要关闭各种口盖,盖好蒙布和堵头。保持各处密封的完好,消除各零件间不应有的间隙,以防水分的进入和积聚。对于易进水受潮的开关、电缆插头,应用聚四氟乙烯套套上或包扎,并适时解开晾晒。有条件的可对直升机上各种电缆插头涂防水胶,也要及时更换设备内的防潮沙。

②保持各类防护层的完好。

要注意防止划伤直升机保护层。若溅上酸(碱)性液体或油污时,必须及时清洗,漆层脱落时,要及时补漆或涂上临时性的排水漆,经常拆的螺钉要经常涂油保护。

③排水通风。

要保持各排水孔的畅通,适时打开各工作口盖,进行通风晾晒。有些易积水部位,如果强度允许,还可以钻排水孔。对于通风条件不好的部位还可进行人工通风或烘烤的方法来排除潮气,直升机蒙布要及时晾干。

④加温驱潮。

雨季可适当缩短直升机的停放起动间隔或增长机载设备的飞行前后检查中的通电时间。必要时,有的机件可拆下烘烤。

（2）防高温

防高温的预防措施主要有通风散热、遮光、隔热和防火。

①通风散热。

应保持发动机与机身或发动机舱之间的通风道的通畅。发动机地面试车时必须迎风停放。驾驶舱应经常通风、散热。电子、电气设备地面连续通电时间不能过长,必要时应打开各设备舱盖或用其他办法散热。

②遮光。

直升机雷达天线罩、直升机机轮、旋翼、瞄准器等均应加盖罩布。地面上的各种器材、油料均应保存在阴凉处。

在核飞行情况下,应注意核武器的光辐射对直升机和飞行员的伤害。直升机除了在地面停放时驾驶舱应罩外套外,在驾驶舱内还应装特制的防光帘,以防止直升机在空中时光辐射对机内人员和设备的伤害。

③隔热。

要保持直升机上隔热器材和装置的完好,如石棉垫(绳)、石墨粉、隔热罩等,靠近发动机热端的机件、导线等可用石棉垫(绳)隔热。机轮的刹车片和胶带之间可以垫加一层石棉纸或隔热胶套。在可行情况下,可在各种橡胶制品上敷一层滑石粉或石墨粉。

④防火。

防止直升机渗油、漏油,搭铁线和放电装置应完好、紧固,直升机落地后要立即接地。有易燃物的库房与工作间,应采取通风、隔热措施,严禁使用明火。

(3)防寒

寒冷的气候对发动机的影响较大,在严寒地域,进行发动机起动试车前,应遵守各机型的规定,对发动机、主减速器和尾减速器进行加温,停车后须立即用堵板堵住散热器进气道,以防散热器内滑油冷凝。与此同时,发动机舱内的所有软管和导线均需包扎石棉线并涂上水玻璃,以免发动机在起动加温时因过热而损坏。

对直升机来说,防寒主要是防止油箱和燃油滤结冰,并注意排除机上霜和系统的漏油、漏气,要及时调整钢索张力和给轮胎充气等,并且要加强旋翼桨叶和尾桨桨叶的除冰、防冰和加温系统的维护。

(4)防风沙

①防止沙尘进入机件内部。

停放的直升机应盖好蒙布,用专制的罩子套好有关机件。及时修复检查口盖和密封舱门,不工作时要用专制的堵具将需堵的通气孔和开口堵住。各活动连接点周围的缝隙,用滑脂堵塞,并定期清洗更换。有些部位(如导线插销)应包扎。有风沙时,不应在露天拆卸机件和添加油料。注意保持各种油料的清洁。每次大风沙后,必须对直升机做全面的清洁工作。

②减少风沙的产生。

每飞行日用水喷洒滑行道、起飞线、停机线和工作地点。试车或滑行时,应注意尽量减少一架直升机所扬起的尘土对另一架直升机的影响。

(5)防盐

对在盐湖或沿海地区飞行的直升机,应采取防盐措施。

①机件应喷漆或涂油。必要时还可进行电镀或钝化处理,有些机件可加罩布套或堵具,缝隙部位可用密封垫或滑脂进行密封。

②飞行前应将容易进入盐尘的进气道等部位擦拭一遍。飞行后和风后、雨后应及时除去沾在直升机上的盐土。海上飞行后,应用淡水冲洗直升机外表,并通风晾干。

③直升机返回一般机场后,应进行彻底的除盐工作,彻底清洗各部位,恢复漆层或镀层,接触盐分较多的机件应该拆下分解检查。各种罩布和蒙布也应清洗干净。

(6)高原环境防范措施

高原的气候、地理特点是气压低、早晚温差大、干燥、紫外线强、风沙大和处于山区,对直升机的使用维护有较大的影响。

除了在直升机使用上应对有关机件做必要的调整和修改使用要求外,在维护上须注意防寒、防风沙、防干燥,以及在起飞、悬停时性能变化所引起的一些问题,防寒、防风沙的措施上面已经提到了,下面再简述一些其他注意事项。

直升机在高原机场使用时,因空气密度小,机轮不易散热,此时要检查刹车装置是否符合规定,轮胎气压不能低于使用下限,最好充气到接近上限。

为弥补电瓶液的蒸发,可每一周左右补充一次蒸馏水,然后进行小电流充电。若条件不允许,则可补充密度小的稀电解液。

根据情况适当缩短有关部位的润滑周期。

（7）防台风

①做好必要的准备,包括清扫机库、停机坪,清理、修整系留桩、系留环和停机坪通风口等,每架直升机应配备系留起落架用的钢索,捆绑机身蒙布用的细麻绳和各种夹板、夹具等。

②直升机应迎风停放。值班直升机也应按一定距离迎风停放,并挡好轮挡。随机地面设备、起动车要放在直升机的下风 3 ~ 5 m 处。

③轻型直升机应推到机库内或背风的机库内。

④直升机应刹好旋翼刹车,系留好旋翼桨叶,夹好旋翼桨毂夹具。必要时可进行强风系留,或者拆下旋翼。

⑤盖好前机身蒙布,将防雨布盖在发动机机舱,前舱和座舱盖上,并用细麻绳将蒙布、防雨布捆牢在机身上。盖严所有工作口盖。

3.3.4　直升机一般检查方法与常见故障

3.3.4.1　直升机检查的目的和要求

飞行检查是保证飞行安全的关键,其目的是及时发现直升机上存在的故障、缺陷。这是一件很细致的工作,稍一疏忽 ,留下隐患,就会影响飞行任务,甚至危及安全,机务人员必须认真地做好飞行检查,才能把故障消灭在准备直升机的过程中,检查时应做到以下几点。

①严格按照《直升机维护手册》规定的内容和要求进行检查,不得简化检查内容。

②为了不遗漏检查内容,应参照检查路线有程序地进行检查,检查中发现故障缺陷可以记入机务准备工作日记,等检查完毕再排除故障,不要边检查边排除故障。

③检查中既要全面检查,又要突出重点。根据直升机的具体情况,使用特点、自然条件和故障规律,对有关机件和部位加强检查。

④认真处理飞行员反映的问题。飞行员是最了解直升机在空中的工作情况的,因此要认真听取飞行员反映的直升机问题,并且根据反映的这些问题,深入细致地检查直升机的有关机件和部位。

⑤对检查中发现的不正常迹象和疑点,要抓住不放,直至弄清原因。

3.3.4.2 直升机的一般检查方法

直升机机件的连接处通常都装有保险装置来防止松动。然而,任何保险装置的作用都是相对的,没有什么绝对保险的东西。在实际工作中,由于振动和温度的变化,机件连接处特别是各螺纹零件连接处常出现松动现象。螺纹零件松动后,会使连接处产生间隙,使机件位置发生变化,如果发展到螺纹零件松脱就会损坏机件,甚至会导致严重飞行事故。液压、燃料、滑油等系统附件和导管连接处松动,还会造成漏油、漏气故障。因此,飞行检查中必须加强对各机件固定保险检查,绝不能因有保险而忽视。

螺纹连接处松动的现象:保险损坏,螺钉或螺帽松动,连接处产生间隙,机件位置发生变化等。

①检查螺纹零件连接处松动的方法是"看""摇""拍"。

②对装有保险的螺纹零件,可通过查看保险是否完整、牢靠来判断其是否松动。保险良好时,开口销、保险丝不应松动、折断,保险片的凸瓣应紧靠螺帽和机件;弹簧垫圈应被压平,它与螺帽、垫片的贴合处不应有缝隙;冲眼保险的冲点不应错开,必要时用工具检查其紧度。

③对口盖的螺钉,可用查看、拍打的方法来检查是否松动,螺钉松动时,可以看到口盖与直升机蒙皮贴合不紧或螺钉头突出蒙皮;用手拍口盖,能听到口盖跳动的响声,还可用解刀再次拧紧以检查其紧度。

④对固定的机件,可用手摇晃以试探其是否有间隙。

⑤对做有标记的连接部位,可通过查看标记是否错开来判明其是否松动。

⑥对不易看到的部位,可拍打蒙皮,听有无弹跳声来判明是否有掉下的螺钉、螺帽等。

3.3.4.3 直升机机件常见故障

(1)机件变形

①温度变化或温度分布不均引起机件变形。直升机上由不同材料组成的机件在温度变化时,由于各种材料膨胀或收缩的程度不同,使机件产生变形;温度变化过程中,使材料产生热应力过大,就会产生永久变形和裂纹,同一材料制成的机件,如果温度分布不均,也会产生永久变形。

②机件被外来物打伤引起变形。例如,发动机工作时,沙粒等被吸入发

动机内部,则会打伤压缩机叶片,导向器叶片和涡轮叶片(通常打在涡轮叶片凸面的前缘处);直升机起飞时扬起的沙粒、石子可能打伤桨叶。

③机件受力过大引起变形。粗猛着陆或减震装置的性能变差时,起落架和机体容易因受力过大而变形。例如,经常做大载荷特技飞行的直升机易局部变形。

机件变形可通过"看""摸""测量"等方法检查,即看机件表面有没有局部鼓起和凹陷,手摸机件表面有没有高低不平的感觉,用直尺和样板测量机件表面形状有没有变形,用千分垫测量两个机件之间的间隙有没有变化。

(2)机件裂纹和折断

裂纹是由于机件受力过大,材料疲劳、强度降低而产生的,裂纹扩大到一定程度,机件就会突然折断,导管就会突然爆破,以致可能引起严重的后果。由此可见,裂纹往往是折断的预兆,及时发现裂纹是十分重要的。

①温度变化急剧及温度分布很不均匀的部位容易产生裂纹。这些部位在工作中,由于机件内各部分的膨胀、收缩程度相差较大,将产生较大的热应力,因而容易产生裂纹。

②受力较大机件的焊缝和拐角处容易产生裂纹。焊缝的强度低于基体的强度,拐角处容易引起应力集中,因而容易产生裂纹。

③承受重复载荷的机件容易产生裂纹。经长期工作后,材料产生疲劳、强度降低,工作中也易于产生裂纹。

外场检查裂纹的方法主要是目视和着色探伤。检查裂纹,首先应擦去被检查处表面的脏物,然后仔细检查。有裂纹的地方,油漆层会出现微小的纹路或鼓起成片脱落,没有油漆的地方会出现细缝。

对可疑之处,可用放大镜辅助观察,或在该处涂上煤油。煤油具有较强的渗透性,如果有裂纹,裂纹处会聚集较多的煤油,因为裂纹处比其他地方干得慢所以出现裂纹的痕迹。

用上述方法仍不能判明裂纹时,可用着色探伤法检查。着色探伤法在15~25 ℃时能发现钢质零件上深度大于 0.1 mm,宽度大于 0.004 mm 的裂纹,着色探伤法是将检查的机件表面用汽油清洗干净后,涂上一层专用的红色涂料,使涂料渗入裂纹内,隔 1~2 min 后再涂一次,随即用布蘸变压器油与煤油(比例为 70∶30)的混合液擦去机件表面的红色涂料,再用干布擦干机件表面,然后涂上能将红色涂料从裂缝中吸出的白色涂料。待白色涂料干后,在白底上便出现能够表示裂缝形状及位置的红色图形。

其他判断裂纹的方法,如磁力探伤、超声波探伤、涡流探伤、液晶探伤等方法的相关设备较复杂,常由专门的人员操作。

(3)机件磨损

机件磨损会使机件的强度降低,增大机件之间的间隙,影响机件的正常工作。例如,液压系统的导管磨损可能引起导管爆裂,使液压系统工作失灵,因此必须及时发现机件的不正常摩擦和磨损。产生磨损的原因主要有以下几个方面。

①连接处松动。

②与邻近机件之间没有足够的间隙,在振动时互相接触。

③金属导管与固定夹子之间的减磨垫损坏。

检查磨损的主要方法是眼看、手摇、测量等。机件外表磨损可以直接看出。发动机内部有无磨损,可以通过查看滑油中有无金属屑来判断;操纵机构在工作中是否与其他机件摩擦,可以通过操纵中听机件摩擦声来判断;机件与机件之间的间隙是否足够,可以测量机件之间的间隙判明;机件活动连接处磨损情况,可以用测量该连接处活动间隙大小的方法了解其磨损过程。

(4)液体(气体)系统向外漏油(漏气)

检查漏油的方法是用眼看、手摸和嗅。当蒙皮、机件、导管的表面发潮、发亮,沾上尘土或者有油珠、油迹等现象时,说明有漏油(看不到的地方可用手摸)。发现漏油后,应通过油液的颜色和气味判明是什么油液。液压油是红色的,煤油呛鼻子,滑油黏度大,酒精有酒味。判明是什么油液后再找出漏油系统的漏油部位。如果用眼看、手摸仍不能准确地找出漏油部位时,可向系统加压检查;对不能加压的地方,可把发现的油迹擦净,等一段时间后再去检查。

检查漏气的主要方法是耳听、手摇和涂水检查。耳听检查是听气声;手摇检查是用手轻轻地活动导管,用手指在可疑的地方来回活动,根据声音的断续变化和手指的感觉,找出漏气部位;涂水检查是用肥皂水或唾沫涂在可能漏气的地方,如该处冒气泡,则说明该处漏气。

(5)液体(气体)系统通道堵塞

堵塞容易发生的部位是滤芯、通气管口、附件漏油孔、通气小孔、节流器等。通道是否被堵塞,可以通过试验判断。例如,将可疑机件的出口导管拧松,查看油液(气体)流出是否畅通,即可判明该机件及其以前的管路是否堵塞;对通气孔、漏气孔则可用眼看、用保险丝通来判断,必要时还可将机件拆下分解检查。

3.4 复杂环境条件下直升机的维修方法

3.4.1 直升机维修的定义及特点

直升机维修是指保持、恢复和改善直升机航空装备规定的技术性能,使其处于良好的技术状态所进行的各项维修活动。其目的是保证直升机的良好率和可用率。直升机在使用过程中,由于受到自身因素以及各种环境因素的影响,其技术性能会逐渐衰退,偏离正常标准,影响其安全使用,直升机维修的基本任务就是经常保持和迅速恢复航空装备的良好技术状态,保证飞行安全和训练、飞行任务的完成。直升机维修是航空维修系统技术应用子系统的特定职能。这里的技术应用包括两层含义:一是地面对直升机及其设备的维护与修理;二是空中对直升机及其各种机载设备的使用。与航空维修的系统框架一致,直升机维修也是一个多层次、多专业的综合保障系统,主要包括维修思想、维修体制、维修类型、维修方式、维修专业、维修手段、维修作业等诸多要素,并通过维修管理使这些要素有机结合,形成一个整体。直升机维修作业是机务保障的主要内容,直接关系持续飞行能力的生成,"维修就是飞行能力"已经成为一种共识。

直升机维修的特点规律是直升机维修工作的本质体现,只有抓住维修工作的本质来开展工作,才能收到满意的效果,直升机维修具有以下几个特点。

(1)安全性要求高

直升机是在空中使用的高度复杂的装备系统,零部件繁多、工作环境复杂,造价高昂,因此对安全性提出了极为苛刻的要求,这里的安全是一个广义的概念,不仅包括装备安全,还包括维修工作安全,维修人员自身安全等方面,每个环节出现问题都可能造成严重后果,所以在维修工作中必须始终把保证安全放在首位,切实做到"安全就是生命线"。为保证安全,按规程操作是基础,科学维修是关键。

（2）技术综合性强

随着高新技术的迅猛发展,直升机装备的技术含量不断提高,高温复合材料、精密制造技术、微电子技术、人工智能技术等新材料、新工艺的广泛应用,使直升机维修工作的科技含量显著增加,传统的机械、航空电子、修理、飞参判读等专业的划分界线逐渐模糊,机电一体化的步伐明显加快,由此对维修人员的综合素质和动手能力提出了更高的要求,也给培养机务人员和维修科研工作带来了机遇和挑战。航空装备的使用是包括维修在内各种要素共同作用的结果,离开有效的维修,航空装备就难以形成有效的性能。因此,作为一种保障性活动,直升机维修要服从和服务于航空装备的飞行使用需求。同时,这种保障性活动又是一种综合性活动,贯穿于装备寿命周期全过程,需要多部门、多专业的密切配合,也需要合理配置和使用各种维修保障资源。同时这种活动又是在一种动态变化环境中进行的,受到复杂环境条件下环境、装备状况、维修资源、人员技术水平等许多不确定因素的影响,以上这些因素决定了直升机维修保障是一门综合性和技术性很强的实践活动。

（3）环境适应性好

直升机的使用特点要求直升机维修作业具有良好的环境适应性,平时直升机维修作业基本在野外实施,受到气候条件的影响较大,不同地域、不同季节的维修工作内容也略有差异,这就要求维修人员熟悉各种环境条件下的维修特点,掌握航空装备技术性能的变化规律,从实际情况出发科学维修、有效维修。直升机维修是在更为恶劣的环境下进行的,维修条件简陋、工具设备不齐全,设施不完善、条件欠缺、维修时间紧,甚至还要在战斗前线地区对受损直升机实施应急维修,这些情况都要求维修工作要有良好的环境适应性。因此,直升机维修必须着眼于复杂环境条件下环境变化的特殊性,根据飞行使用需求,开展有针对性的训练,保障直升机维修能在各种复杂环境下有效进行。

（4）资源消耗性大

直升机维修体系的复杂性决定了直升机维修作业是一项资源消耗性较大的系统工程,包括人力、物力、财力等各个方面。直升机装备本身科技含量较高、造价贵,导致使用维护成本高,特别是随着装备不断更新换代,直升机使用和保障费用也呈几何级增长,严重制约了航空装备建设的长远发展。据统计,航空装备的使用和保障费用占寿命周期费用的比例一般超过60%,有的甚至在80%以上。因此,需要进一步加强直升机维修的系统规划和科学管理,改善维修的综合效益,保证直升机维修的可持续发展。

3.4.2 直升机维修排序与统筹方法

在飞行的准备阶段或在飞行的间歇期,非因飞行因素造成的直升机故障也是需要维修的,如果维修质量差、效率低,就不能保证直升机的出勤率也不能确保飞行安全。因此,在维修前我们应制定合理的维修计划和高效的维修方法。

3.4.2.1 直升机维修的排序法

直升机应急维修是需要排序的,如果没有正确的排序就会造成人员的浪费,维修效率的降低,使直升机得不到及时维修,降低了同等条件下的性能。例如,一个维修小组在飞行期间需要维修一架直升机的 n 个零部件,令第 i 个零部件所需维修时间为 x_i,用 t_i 表示第 i 个零部件所需维修停留时间,那么第 i 个零部件所需维修停留时间为:

$$t_i = x_1 + x_2 + x_3 + \cdots + x_i = \sum_{n=1}^{i} x_i,$$

因此 n 个零部件的总维修停留时间为

$$t_{总} = t_1 + t_2 + t_3 + \cdots + t_n$$
$$= x_1 + (x_1 + x_2) + (x_1 + x_2 + x_3) + \cdots + (x_1 + x_2 + x_3 + \cdots + x_n)$$
$$= nx_1 + (n-1)x_2 + \cdots + 2x_{n-1} + x_n$$

那么直升机各个零部件的平均维修停留时间为

$$t_{平均} = [nx_1 + (n-1)x_2 + \cdots + 2x_{n-1} + x_n]/n$$

由上式可知,对于一个维修小组而言,n 个零部件的排序问题,只要系数越大、配上维修时间越少的,维修时间越少的零部件排得越靠前面,维修时间越多的零件排得越往后,就可以使各个零部件的平均维修停留时间为最少,维修好的零部件就能越早运用到直升机上去,这样就能够提高直升机的维修效率。

同理,对于多架直升机而言,第 j 架直升机的维修时间为 z_{x_j},维修停留时间为 z_{t_j},那么 n 架直升机的总维修时间为 $\sum_{j=1}^{n} z_{t_j}$,因此 n 架直升机的总维修停留时间和平均维修停留时间分别为

$$
\begin{aligned}
z_{t_{总}} &= z_{t_1} + z_{t_2} + \cdots + z_{t_{n-1}} + z_{t_n} \\
&= z_{x_1} + z_{x_2} + \cdots + z_{x_{n-1}} + z_{x_n} \\
&= nz_{x_1} + (n-1)z_{x_2} + \cdots + 2z_{x_{n-1}} + z_{x_n}
\end{aligned}
$$
$$
z_{t_{平均}} = \left[nz_{x_1} + (n-1)z_{x_2} + \cdots 2z_{x_{n-1}} + z_{x_n} \right]/n
$$

因此,直升机所需维修时间越少的排得越靠前面,维修时间越多的排得越靠后面,这样就可以使直升机的平均维修停留时间最少,在相同时间内就能够维修好更多的直升机架次,这样就可以提高直升机的完好率。

对于一架直升机上的零部件需要进行多道维修工序而言,如果这些零部件按照拆卸、修理、喷涂的顺序进行维修工作,那么就可以用表 3.5 来表示;用图 3.1 中的矩形来表示各零部件的工作状况。

表 3.5 直升机零部件维修时间表

单位:h

零部件	拆卸时间	修理时间	喷涂时间
1	2.50	1.50	0.50
2	1.00	2.00	1.00
3	0.75	3.00	0.75
4	1.50	2.50	0.75
5	2.00	1.00	1.50

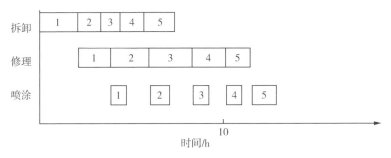

图 3.1 直升机零部件维修排序方法

从图 3.1 中可以看出,完成所有维修任务共需 14 h,维修时间的延长主要是由于工序排列不合理及喷涂的停工时间造成的,只要减少修理和喷涂的停工时间就能减少整个维修任务的总时间。为了减少修理和喷涂的停工时间,应该一方面把拆卸时间越短的零件越早进行,减少修理等待的时间;另一方面把在喷涂时间越短的零件越晚施工,以便充分利用前面的时间,这样我们就得到了使完成全部零件维修任务所需总时间最少的零件排序方法。

寻找图 3.1 的最优解:

我们在表 3.5 中找到所列出的最短拆卸时间是 0.5 h,它是第三道工序喷涂零部件 1 的所需时间,由于这个时间与喷涂有关,故我们把零部件 1 放在维修顺序的末尾,即第五位。

接着,我们又找到剩下最短喷涂时间为 0.75 h,这一时间与喷涂(第四工序)有关,我们把喷涂时间为 0.75 h 的零部件 4 放到除第五位外的维修顺序的末尾,即第四位进行。

下一个最短施工时间为 0.75 h,这一工序时间是拆卸零件 3 的所需时间,故把零部件 3 排在所有顺序的第一位上。

同样,下一个最短维修时间为 1,这是喷涂零部件 2 的所需时间,故把零部件 2 排在第二位上。

这样就得到了最优维修顺序为零部件 3、零部件 2、零部件 5、零部件 4、零部件 1,共需 11.25 h 就能完成全部维修任务。

从图 3.1 和图 3.2 中可以归纳出在零部件需要多种维修手段时,第一工序维修所需时间少的排在前面,所需时间多的维修工序排在后面,且没有不必要的停工时间,这样就得到了最优维修顺序,尽可能保持最高的直升机完好率。

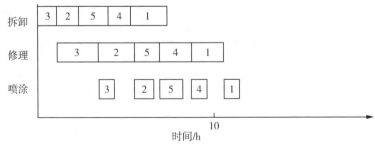

图 3.2 优化后直升机部零件维修排序方法

3.4.2.2 直升机维修的统筹方法

在实际的维修保障中直升机的维修是需要统筹规划的,要绘制出统筹方法的网络图,求出网络时间和关键路线,并确定该维修任务是否能够如期完成,如表 3.6 所示。

表 3.6 直升机维修工序表

维修工序	维修内容	紧前工序
1	进行故障评估	—
2	任务分工	1
3	制定维修方案	—
4	拆卸部件 1,2	2,3
5	维修部件 1	3,4
6	维修部件 2	3,4
7	喷涂部件 1,2	5,6
8	安装	7
9	验收移交	8

由于复杂环境条件下的直升机维修,没有现成的维修模式,直升机故障、故障的位置难以判断,因此就需要我们对维修时间做出估计,维修时间分别为乐观时间、最可能时间、悲观时间。

①乐观时间是指维修直升机所需最少时间,用 a 表示。

②最可能时间是指维修直升机正常时间,用 m 表示。

③悲观时间是指在不顺利情况下,维修直升机所需的最多时间,用 b 表示。

直升机维修时间估计如表 3.7 所示。

表 3.7   直升机维修时间估计

单位：h

维修工作	乐观时间	最可能时间	悲观时间
1	1.5	2.0	2.5
2	0.2	0.5	0.8
3	0.5	1.0	1.5
4	1.5	2.5	3.5
5	0.5	3.0	5.5
6	3.0	3.5	7.0
7	2.0	2.5	3.0
8	0.5	1.0	1.5
9	1.0	1.5	2.0

显然这三种完成维修工作所需时间都具有一定概率,由经验,我们可以假定这些时间的概率分布近似服从 β 分布。我们可以用如下公式计算出完成维修任务所需的平均时间,即

$$T = \frac{a+4m+b}{6}$$

方差公式为

$$\sigma^2 = \left(\frac{b-a}{6}\right)^2$$

那么完成第一项维修工作所需的平均时间为

$$T_1 = \frac{a+4m+b}{6} = \frac{1.5+4\times2+2.5}{6} = 2$$

同时求出方差为

$$\sigma^2 = \left(\frac{b-a}{\sigma}\right)^2 = \left(\frac{3.5-1.5}{\sigma}\right)^2 = 0.028$$

同样可以求出每项维修工作完成所需的平均时间及方差,如表 3.8 所示。

表 3.8　直升机维修工作所需平均时间及方差

维修工作	T	方差	维修工作	T	方差
1	2	0.028	6	4	0.444
2	0.5	0.010	7	2.5	0.028
3	1	0.028	8	1	0.028
4	2.5	0.111	9	1.5	0.028
5	4	0.694			

下面就用平均时间代替完成活动所需时间,并在网络图上标出每个活动最早开始时间和最早结束时间,完成维修工作的关键路线如图 3.3 所示。

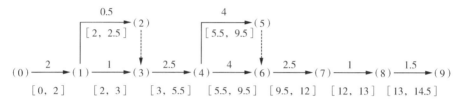

图 3.3　完成维修工作的关键路线

从图 3.3 上我们找到了一条从起点到终点由关键工序 0,1,3,4,6,7,8,9 组成的关键路线,则完成维修工作所需的平均时间为各关键路线的时间之和,即

$$t_1+t_3+t_4+t_6+t_7+t_8+t_9=2+1+2.5+4+2.5+1+1.5=14.5$$

同时完成时间近似服从一定的正态分布,则均值为关键路线上各关键活动均值之和 14.5,方差也为关键路线上各关键活动方差之和 1.399。由此我们可以计算出此项维修工作不同完工时间的概率,如 16 h 内完工的概率。

为求此概率,可以先求数学期望值 μ 值,即

$$\mu=\frac{t-E(T)}{\sigma}$$

式中的 T 为预定完工时间 16,$E(T)=14.5$,$\sigma=\sqrt{1.399}=1.183$

算得 $\mu=1.268$。查正态分布函数表可知概率为 0.898,即 16 h 内完工的概率为 89.80%.

其正态分布图如图 3.4 所示:

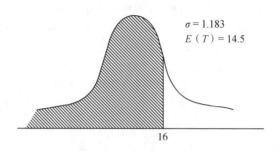

图 3.4　完工概率的正态分布图

3.4.2.3　网络优化

在制定初始的计划方案后,还需要对初始方案进行优化调整。根据计划目标,综合考虑人员和时间等目标,进行网络优化,即时间-资源优化,确定最优的计划方案。

①优先安排关键工序所需的维修人员。

②利用非关键工序的时差,错开各工序的开始时间。

③统筹兼顾维修进度的要求和现有维修人员的限制,进行综合平衡。

下面列举一个拉平维修人员需要量最高峰的实例。一个拥有 12 人的直升机维修小组,这个维修小组人员均可完成这 5 个工序中的任一项任务,要想满足维修工作的需要就必须进行时间-资源优化,如表 3.9 所示。

表 3.9　直升机维修工序

维修工序	需要人数	最早开始时间/h	所需时间/h	时差/h
A(拆卸旋翼)	6	0	0.5	0
B(维修旋翼)	3	0.5	1.0	0
C(维修发动机)	7	0	6.0	0.5
D(维修尾梁)	2	0	1.5	5.0
E(维修主减)	5	1.5	5.0	0
F(质量检验)	3	6.5	0.5	0

如果上述各维修工序都按最早开始时间安排,那么 7 h 就能完成维修任

务从图 3.5(A) 中的实线看出,并可以据此画出维修人员负荷图,从图 3.5
(B)中可以看出每个时间段维修人员的需要量在 0~0.5 h 这一时段已经超
出了人员最大负荷量 12 人。

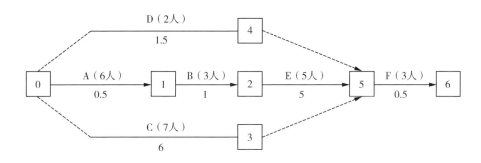

(A)直升机维修人员分配图

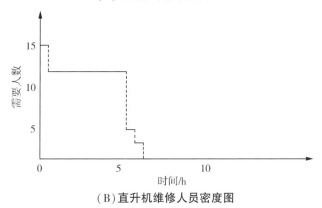

(B)直升机维修人员密度图

图 3.5　直升机维修人员分配图、人员密度图

从图 3.5 可以看出,在 0~0.5 h 时间段内,共需 15 人同时进行直升机维
修,已经超出直升机维修小组人员数量,因此必须优化方案。我们应优先安
排关键工序所需的人员,再利用非关键工序的时差,错开各工序的开始时
间,从而拉平维修人员需要量的高峰。

经过调整,我们让非关键工序 C 由 0 h 开始推迟到维修工序 A 完成后再
开始,即从第 0.5 h 开始。找到了时间-资源优化的方案,如图 3.6 所示,在
不增加维修人员的情况下能够保证直升机维修任务按期完成。从图 3.6

（B）中可以看出,优化后最多需 12 名维修人员同时参加工作即可按规定时间完成维修任务。

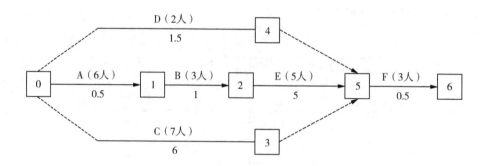

（A）优化后直升机维修人员分配图

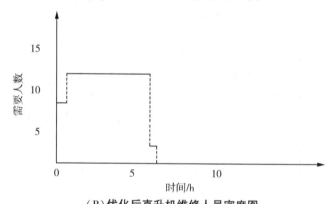

（B）优化后直升机维修人员密度图

图 3.6　优化后直升机维修人员分配图、人员密度图

4　直升机应急维修基本理论研究

4.1　直升机应急维修基本理论分析

4.1.1　直升机应急维修的基本概念

（1）直升机故障（helicopter damage，HD）

美国把"复杂环境条件下故障"叫作"complex environmental conditions damage"，即装备在广义复杂环境条件下的故障，包括一切在复杂环境条件下发生的导致装备功能丧失或降低的事件。

根据 GJBz 20437—97《装备战场损伤评估与修复手册的编写要求》的相关内容，可将复杂环境条件下故障定义为在复杂环境条件下需要处理的一切妨碍保障装备完成预定任务的事件，包括故障、随机故障、耗损性故障、人为差错、偶然事件、保障装备不适应复杂环境条件下环境、得不到供应品（如油液、备件等）、技术支援中断等引起的妨碍保障装备完成预定任务的事件。

直升机故障是指发生了妨碍直升机完成预定任务的故障、随机故障、耗损性故障、人为差错、意外故障以及维修供应品不足和环境变化等事件。直升机在飞行中遭受的故障：一是被外来物撞击引起的故障；二是大气、云层等变化引起的故障；三是超负荷执行飞行任务时飞行员操作过猛造成的故障等。直升机在地面停放时的故障主要是指遭轰炸、意外事故、人为差错以及环境恶化等造成的故障。

（2）故障率

直升机故障率包括空中故障率和地面故障率两部分。直升机空中故障率是指在一定飞行时间内直升机空中故障（含飞行事故）的架次与飞行总架次的百分比;直升机地面故障率是指一个航空公司在一定飞行时间内直升机在地面故障架数与实有直升机总架数的百分比。

(3)直升机应急维修(helicopter emergency maintenance,HEM)

美国把直升机应急维修称为直升机故障评估与应急维修(helicopter damage assessment and emergency maintenance,HDAEM),即在直升机上采用应急诊断和修复技术,迅速恢复装备飞行能力的一系列活动。

在 GJB 3897—99《飞机战伤评估与修理技术手册编制要求》中,对"飞机战伤评估与修理"的定义是:通过有效使用保障资源对战伤飞机进行评估,采用现场修理或延迟修理等措施,使之迅速恢复一定程度的任务能力(包括至少再出动一次或飞回后方修理场所)的维修活动。

直升机应急维修或叫直升机故障评估与修理的定义为:通过有效使用一切可以利用的维修资源,在有限的时间内对故障直升机进行评估,并施以标准修理和非标准的应急修理,使之恢复到具有一定程度的执行下次任务或自救能力的维修活动。

根据以上定义分析,直升机应急维修定义有"五要素",即复杂环境、一切可以利用的维修资源、有限时间、应急修理、恢复到具有一定程度的执行下次任务的能力。

复杂环境,是指机场或者一切具备起降条件的区域。

一切可以利用的维修资源,是指在复杂环境条件下或紧急情况下,一切可以利用的人力和物力。

有限时间,一般是指在 6 h、12 h、24 h 或 48 h 内。

应急修理,大多数情况是采用非标准修理,如结构、旋翼故障的无强度与次强度修理,系统附件的旁路修理等。

恢复到具有一定程度的执行下次任务的能力,是指在紧急情况下,直升机应急维修并不要求恢复直升机的全部功能,能恢复一定功能至少能再执行一次任务也行。

(4)修复率

故障直升机修复率,即一个航空公司在一定飞行时间内修复故障直升机的架数与故障直升机总架数的百分比,它是衡量修理能力和维修力量配置使用的指标之一。

美国将故障修理能力分为三级:不修理、中等修理和良好修理。对于不修理来说,故障直升机也就是报废直升机。中等修理是指50%的故障直升机在24 h内修复,其余的列为损失数。良好修理是指50%的故障直升机在24 h内修复,30%的故障直升机在48 h内修复,余下的列为损失数。

根据我国积累的故障直升机修理资料,在修复直升机中,不修理直升机占77.5%,中等修理直升机占19.4%,良好修理直升机占3.1%。根据历史资料和预测分析,在未来故障直升机维修中,直升机修复率可达80%以上。

4.1.2 直升机应急维修的特点分析

在复杂环境条件下,直升机应急维修突出的特点是一个"快"字,因此,在组织实施直升机应急维修时,既要遵守航空修理的通用规则、施工程序和具体要求,又要针对故障直升机维修的特点和不同要求,采取相应措施,快速、高效、安全地完成维修任务。直升机应急维修具有以下几个特点。

(1)应急维修的时间紧迫

未来飞行节奏加快,持续时间趋于缩短,复杂环境条件下形势瞬息万变,如何保持直升机完好率是个突出的问题。在复杂环境条件下实施快速应急维修突出在对时间的要求上,即迅速及时地修复故障直升机,以增加直升机完好率。

(2)应急维修的环境条件恶劣

在复杂环境条件下,应急维修不可能像平时那样,具有完善的设施和设备,在纯作业环境中进行,而是在恶劣的自然环境(如高温、高寒、潮湿、大风等)中进行。直升机使用的特点决定了故障直升机的维修环境更加恶劣,往往部分直升机是在无依托的野外,缺乏动力、电源、水源等必备条件而进行就地修理。为此,西方各国都制定了相应措施。例如,英国空军规定了一条直升机应急维修的原则:必须保证应急维修工作能在除了冷气瓶以外,没有其他任何动力的条件下进行。

(3)引起应急维修的原因复杂

复杂环境条件下故障是指直升机在空中飞行或地面停放时,受到来自空中和地面的撞击所造成的各种故障,以及在飞行中直升机本身的随机故障、损耗性故障、意外事故和人为差错造成的故障。这类外来的、突然的冲击载荷对直升机结构和系统附件造成的故障是严重而复杂的,带有偶然性,事先难以预料,维修的部位也往往是平时修理中很少遇到或完全没有接触过的部位。因此,应急维修具有随机性和复杂性。

(4)应急维修采用的技术标准不同

应急维修是在无完善的设施、装备、器材,甚至在野外无依托、无动力源的条件下,通过有效使用一切可以利用的人力、物力资源,在有限的时间内对故障直升机进行评估,并施以标准和非标准的应急修理,使之修复或具有执行下次任务的能力或有自救的能力。这就要求有与平时修理不同的技术标准。同时,直升机在一般的技术要求上,为平时使用和维修所规定的寿命、预防性维修时限、安全系数和强度储备等,通常都偏于保守,多数结构件留有150%的安全裕度,这就为改变标准留下了余地。因此,为缩短因维修而停飞的时间,放宽某些技术标准,随战术要求而异,使用的修理方法主要是临时性的应急修理,包括延长预防性维修的时间间隔,不仅是必要的而且是可行的。

(5)应急维修人员素质和备件供应的要求高

随着科学技术的发展,新技术、新工艺不断地运用于直升机装备,对应急维修及维修人员提出了更高的要求。维修人员除须具有很高的政治素养和较好的心理素质外,还要具有较高的文化基础、专业理论和专业管理知识,具备决策、组织指挥和应急维修的实际技术操作及新知识获取、探索创新的能力,而且要具有自我防护能力、野外生存能力。直升机应急维修主要是直升机结构的故障修理,而结构修理在平时的修理工作中是很少遇见的。故障难以预料且任务随机,人员搭配难,需一专多能的维修人员。平时设置的修理机构人员及技术种类编制少,适应不了应急维修的需要,因此要加强应急维修人员的培养,造就一支高素质、高水平的应急维修人才队伍,以满足未来应急维修的需要。

换件修理是应急维修的一种重要方法,备件供给的好与差对飞行行动有很大的影响,直接关系飞行能力的生成,当严重缺件时将可能丧失性能。由于遭受故障的机件和部件有很大的偶然性,平时常出故障的部位可能未受故障,而平时不出故障的部位,却可能受到故障。因此,所需要的器材备件不仅在数量上与平时有很大的不同,而且品种、规格也有较大的差别。

（6）直升机应急维修的任务繁重

直升机是在低空、超低空飞行，与其他航空器相比，它既受故障，故障部位又随机，保障难度大。另外，直升机飞行时的旋翼面积大，中弹概率高。据有关资料统计，直升机的故障率为 15%～25%，且在复杂环境条件下故障率会更高。可见直升机的故障是非常严重的，且故障类型多，涉及部位多，修理难度大，特别是故障与执行不同类型的飞行任务有关。由于出现故障情况多变，故障规律不易掌握，因此直升机应急维修的任务是非常繁重的。

4.2 直升机应急维修特性研究

4.2.1 直升机应急维修环境复杂

（1）地理环境复杂多样

高原、山地气压低、氧分含量低；北部地区气候寒冷、昼夜温差大；西北地区多风、干燥；高原紫外线强烈，海拔越高，大气越稀薄，透明度也越大，到达地面的太阳和紫外线辐射就越强，高原地区紫外线强度是海平面强度的 1.5～2.5 倍。沿海地区多雷暴。

（2）复杂环境条件下气象无明显规律

①高原山地地区系统天气不多，区域性天气明显。高原多以晴好天气为主，但受高大山脉阻隔，山体两侧天气差异较大，区域性气候明显。

②季风气候天气变化快，易形成危险天气。

③气流扰动明显，影响面积较大。山口和熊峰扰动气流明显，甚至有强烈扰动。山体的背风面、背阳面常有下降气流，特别是较大山脉的背风面可能产生大面积的下降气流。

④北方昼夜温差大。日出后，气温回升快，地面气温较高，而且受季风、地形影响，地面气温在下午比理论推算的气温要高很多，日落后气温下降也较快。

4.2.2 直升机应急维修目的、原因多样

复杂环境条件下的直升机应急维修与一般条件下的直升机应急维修、平时修理的目的和工作重点不尽相同，两者有很多区别，说明直升机应急维

修有其自身的特点。

(1)修理的目的不同

复杂环境维修的目的首先是恢复故障直升机的基本功能,以最短的时间满足当前飞行要求,保证直升机有最多的飞行架次,甚至能够使故障直升机再执行一次飞行任务,或能够飞行到后方航空维修中心(自救)。其次是必须加强对直升机的防护(隐身涂层、保护色等)和对机组人员的救助。

(2)对维修人员素质要求不同

复杂环境所需维修人员既要具有专业知识、一专多能,又要懂得防卫、伪装等知识;既会维修机体、旋翼、导管、线路等,又要会使用保障装备进行防卫攻击;既要有过硬的心理素质,又要会操作高新技术设备。比一般直升机应急维修人员的素质要求更加苛刻。

(3)修理环境条件不同

复杂环境条件下的高立体、大纵深、全方位特征突出,使复杂环境条件下纵深空前加大,前方后方界限模糊,这就要求三级维修队伍(基层级、中继级、后方基地级)都必须进行防护与伪装。因此,复杂环境下的直升机应急维修环境恶劣,没有绝对的安全场所。

(4)引起修理原因不同

平时直升机修理的原因主要是由系统、结构的自然故障或飞行事故而引起的,引起故障原因、故障机理、故障模式通常是可以预见的,有一定的规律性。一般飞行引起的直升机应急维修主要是在复杂环境条件下的故障,如破片故障这种用肉眼等比较容易观察到的故障。

复杂环境条件下直升机受到的故障既有外部故障又有内在故障,有极强的偶然性和难以预见性,又因处理这种故障的经验少,且用普通的检测手段难以察觉,所以必须利用仪器配合丰富的维修经验才可以比较准确地发现故障部位。

另外,直升机的高强度飞行也会引起一些平时不会产生或很少产生的故障。

以上特点催生了复杂环境条件下直升机应急维修的新思路和新方法。

5 基于统筹法的直升机应急维修

2015 年某航空公司在巡航任务中,因天气变化突遭冰雹袭击,飞行员李某实施迫降,将直升机降落在农田附近。维修分队接到任务后,立即展开对直升机的应急修理。但是由于没有固定的厂房,维修设备运送缓慢,维修人员只懂本专业知识且分工不够合理等原因,使本应该 6 h 完成的维修任务整整用了 2 天时间才完成,维修效果也不太理想。为了确保直升机应急维修工作的顺利进行并提高工作效率,将项目管理理论中的统筹法应用于直升机应急维修工作是十分必要的。

5.1 统筹法的基本理论分析

在航空维修管理中,凡涉及由多人(航空公司)参加、多个相互关联的工序组成的工作,如工程机务保障、转场、中修及至飞行的机务准备,都有一个统筹全局、合理安排工作秩序问题,这些都可以运用统筹法进行计划和组织,着重解决维修工程的进度及人力、物力的统筹安排和成本控制等问题,以期用最短的时间、最低的消耗来完成预定的维修任务,提高直升机的良好率和可用率。

统筹法是把工程(任务)作为一个系统加以处理,是一种系统的技术。其基本原理:在系统既定的总目标下,对各项具体工作(工序)进行统筹兼顾,合理安排各工序的逻辑程序,对整个系统进行计划协调和控制,以期有效地利用时间、人力和物力等资源,完成系统的预定目标。

统筹法是以网络形式的统筹图和较简单的计算方法来反映整个工程全貌。统筹法的实质性内容都可以在统筹图上得到反映,统筹图是统筹法的基础。

5.1.2 统筹图的基本概念

任何一项工程都是由许多工序组成的。如果每个工序用一个箭头表示,把代表各个工序的箭头,按照工序间的相互制约、相互联系关系,从左至右进行逻辑排列,可以得出一张工序的流程图,这就是统筹图。统筹图形如网络,可以运用数学的网络理论进行计算分析,因而又称为网络计划图或网络图。

通过统筹图和较简单的计算,可以得到:本工程包括多少工序,各工序所需的工作时间;各工序之间的逻辑关系;各工序的时间流程、进度;哪些是对全局有影响的关键工序;哪些是有机动时间的非关键工序,以及它们的机动时间等。从统筹图中还可以预见在计划执行过程中各工序完工时间的提前或推迟对整个工程影响的程度。

运用统筹图,不仅使计划组织人员便于掌握指挥全局,科学地进行计划组织,也使每个作业人员了解全局和自己的工作内容、程序,以及与他人之间的协调关系,充分调动和发挥各自的积极性,迅速掌握本职工作。由此可见,统筹图的实质是通过科学的计划组织,使整个工程运行过程既紧凑又有秩序,以期在保证质量的前提下,提高效率,缩短工程的工作周期,而不是简单地追求进度。

5.1.3 统筹图的基本结构

统筹图由工序、节点(事项)、路线三个基本部分组成。

工序指的是一项有具体内容和需用一定的人力、物力和时间完成的活动。它可以是一项简单的工作(如取下直升机蒙布),也可以是一项综合性的工作(如拆卸机身后段)。有些需要时间但不需要人力、物力的工作,如喷漆后待干等,也应看作是工序,因为该工序未完成就不能进行下一道工序。工序用"→"表示。箭头的方向均应从左向右,不得反向,以正确反映工程从头至尾地进行。箭头的上方通常标注工序的名称或代号,下方标注工序所需时间,即工序时间。工序时间也有用专门的时间标尺来表示的。

工序箭头的两个端点,称为节点(事项),用"○"表示。除了整个工程的起点和终点外,所有节点都应该是工序的连接点,它既可表示紧前工序到此已经结束,又可表示后续工序在此即可开工。节点"○"内应注有编号。为了方便,工序常用箭头两端节点的编号(i,j)作为工序代号。整个工程由起点从左向右编号。各节点的编号不得重复,并要求每个工序箭尾的编号要小于箭头的编号,但两个编号可以不连续。

路线是指从工程起点,沿着箭头方向从左到右连续不断地到达工程终点的一条道路。在一个统筹图中往往存在多条路线。

编制统筹图应解决的主要问题之一,是要从多条路线中找出所需工时最长的路线,即关键路线。关键路线决定了工程的工期。关键路线上的任一工序(称为关键工序)的提前和推迟,直接影响整个工期的提前和推迟。因此,编制统筹图时应尽力找出关键路线,作为工程管理的重点,并使参加维修工作的航空公司(个人)了解全局,树立全局观念,明确各自在全局中的位置,更好地发挥各自的技能。

为了区别关键路线上的关键工序,用"⇒"、粗箭头或红色箭头表示关键工序。如果一个统筹图上存在多条关键路线,说明计划安排得比较紧凑,很少有忙闲不均的现象。但关键路线过多,对计划的质量和管理者的能力要求更高,稍有失误很可能延误工程工期。

5.2　基于统筹法的直升机应急维修方法研究

5.2.1　任务的分解和分析

工程分解和分析的主要任务:正确将工程分解为若干工序,分析各工序之间的逻辑关系,估计各工序的工序时间,最后将分解和分析结果列出。

工程分解和分析是一项深入细致的工作,要发动群众不断修改,才能客观而正确地反映各工序相互间的逻辑关系。分解后的每道工序都应明确,各工序分工明确、关系清楚,特别要把有前后衔接关系的工序分开,把由不同专业、航空公司执行的工序分开,把用不同设备或不同方法的工序分开。在直升机维修管理中,还要特别注意各专业都在同一架直升机上作业的特点,有些部位,如座舱,各专业都要用,因此在划分工序时要把座舱按不同专业分为不同的工序,并运用逻辑分析合理安排各专业使用座舱的顺序和时间。

工程分解(划分工序)的程度应根据不同的对象而定。对领导机关,可以分解得粗一些;对基层作业航空公司,则应分解得具体一些,以便有效地计划组织维修作业。

确定工序时间应本着质量第一和留有余地的原则。确定的工序时间应是在确保维修质量前提下的合理时间。主观地降低工序时间,只会降低统筹图的有效性和真实性,使统筹图失去使用价值。

确定工序时间通常有两种方法。对经常做的常规性作业,如定期检修、机务准备等,其各工序的工时可参照标准定额或凭经验确定,也可取平时工时记录的平均值;对不常做的或受不确定因素影响较多、难以确定工时定额的工序,可采用三项时间估计法,即先估计工作顺利条件下的乐观工时 t_a、最可能工时 t_b 和悲观工时 t_c,然后用式(5.1)计算出工序时间的期望值 $t(i,j)$。表 5.1 是某直升机应急维修工序一览表。

$$t(i,j)=\frac{t_a+4t_b+t_c}{6} \tag{5.1}$$

表 5.1　某直升机应急维修工序一览表

序号	工序名称	工序代号	紧前工序	工序时间/min	所需人数
1	下达指令	0—1		1	
2	任务分工	1—2	0—1	2	
3	申请地面电源车	2—3	1—2	5	
4	申请多用途吊车	2—4	1—2	5	
5	探伤检查	2—5	1—2	30	
6	注油	2—6	1—2	120	
7	洗油滤	2—7	1—2	120	
8	测量数据	2—8	1—2	180	
9	电源车到位	3—8	2—3	10	
10	吊车到位	4—9	2—4	10	
11	通压	6—8	2—6	30	
12	拆第一片旋翼	9—10	4—8	15	
13	拆第二片旋翼	10—11	9—10	15	

续　　表

序号	工序名称	工序代号	紧前工序	工序时间/min	所需人数
14	拆第三片旋翼	11—13	10—11	15	
15	修第一片旋翼	10—12	9—10	45	
16	修第二片旋翼	11—14	10—11	45	
17	修第三片旋翼	13—15	11—13	45	
18	通电检查	8—16	2—7,2—8, 3—8,6—8	60	
19	加油	16—17	8—16	30	
20	修蒙皮	5—18	2—5	50	
21	装旋翼	18—19	5—18,15—18	30	
22	装电瓶	17—19	16—17	20	
23	检查	19—20	17—19,18—19	30	

5.2.2 统筹图的绘制

根据工序一览表从第一道工序开始,按工序之间的关系从左到右画出路线图,并在图上标出节点编号、工序名称或代号(如代号采用双向箭头,节点编号则不必标注)、工序时间,就得到一张统筹图,如图5.1所示。

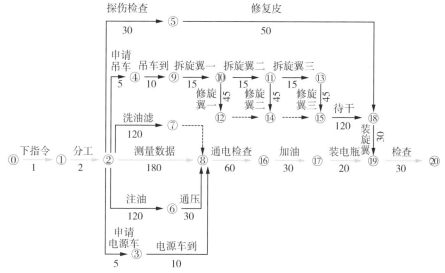

图 5.1　某直升机应急维修统筹图

通过时间参数计算,找出关键路线,计算出工程工期。

5.2.3　统筹图的优化

找出关键路线和实现统筹图最优化,是编制统筹图的两个重要环节。一般来说,最初做出的统筹图都不完善,必须加以调整修正,尽可能实现统筹图最优化,以期利用现有人力物力在保证工程质量的前提下尽可能缩短工期。

5.2.4　统筹图的时间参数计算

前面描述的统筹图编制,主要是对统筹图进行定性分析。但对工程,特别是对较复杂的工程要真正做到较准确计划,并能在实施中进行有效的控制,还必须对统筹图进行进一步定量分析,即进行时间参数计算。

统筹图的时间参数共有 9 个,即基础时间参数 1 个,节点时间参数 2 个,工序开工、完工时间参数 4 个,工序机动时间参数 2 个。

5.2.4.1　基础时间参数

基础时间参数是工序时间 $t(i,j)$,它是计算其他时间参数的基础。

5.2.4.2　节点时间参数

节点时间参数是过渡参数,通过它们可以较简便地计算出工序的 6 个使用时间参数。

(1)节点最早可能发生时间 $t_{E(i)}$

节点最早可能发生时间,简称节点最早时间,指的是该节点所有紧前工序全部完工的最早时间,它等于从工程起点到本节点的最长路线的各工序时间之和。在节点最早发生时间以前,该节点的后续工序是不具备开工条件的,因此该时间也是节点 i 所有后续工序 (i,j) 的最早可能开工时间。

节点最早可能发生时间是从工程起点开始计算的。工程起点的 $t_{E(0)}=0$,其他节点的最早发生时间从左到右逐个计算。

如果节点 i 只有一个紧前工序,则 $t_{E(i)}=t_{E(h)}+t_{(h,i)}$;如果节点 i 有多个紧前工序,则 $t_{E(i)}=\max\left[t_{E(h)}+t_{E(h,i)}\right]$。$t_{E(i)}$ 的数据通常用 ×× 标记在节点上方。

针对某型直升机的节点最早可能发生时间,计算过程如下:

$t_{E(0)} = 0$

$t_{E(1)} = t_{E(0)} + t(0,1) = 1$

$t_{E(2)} = t_{E(1)} + t(1,2) = 1 + 2 = 3$

$t_{E(3)} = t_{E(2)} + t(2,3) = 3 + 5 = 8$

$t_{E(4)} = t_{E(2)} + t(2,4) = 3 + 5 = 8$

$t_{E(5)} = t_{E(2)} + t(2,5) = 3 + 30 = 33$

$t_{E(6)} = t_{E(2)} + t(2,6) = 3 + 120 = 123$

$t_{E(7)} = t_{E(2)} + t(2,7) = 3 + 120 = 123$

$t_{E(8)} = \max\left[t_{E(2)} + t(2,8), t_{E(3)} + t(3,8), t_{E(6)} + t(6,8), t_{E(7)} + t(7,8) \right]$

$\qquad = \max\left[3+180, 8+10, 123+30, 120+0 \right]$

$\qquad = 3 + 180 = 183$

$t_{E(9)} = t_{E(4)} + t(4,9) = 8 + 10 = 18$

$t_{E(10)} = t_{E(9)} + t(9,10) = 18 + 15 = 33$

$t_{E(11)} = t_{E(10)} + t(10,11) = 33 + 15 = 48$

$t_{E(12)} = t_{E(10)} + t(10,12) = 33 + 45 = 78$

$t_{E(13)} = t_{E(11)} + t(11,13) = 48 + 15 = 63$

$t_{E(14)} = t_{E(11)} + t(11,14) = 48 + 45 = 93$

$t_{E(15)} = t_{E(13)} + t(13,15) = 63 + 45 = 108$

$t_{E(16)} = t_{E(8)} + t(8,16) = 183 + 60 = 243$

$t_{E(17)} = t_{E(16)} + t(16,17) = 243 + 30 = 273$

$t_{E(18)} = \max\left[t_{E(5)} + t(5,18), t_{E(15)} + t(15,18) \right]$

$\qquad = \max\left[33+50, 108+120 \right]$

$\qquad = 108 + 120 = 228$

$t_{E(19)} = \max\left[t_{E(17)} + t(17,19), t_{E(18)} + t(18,19) \right]$

$\qquad = \max\left[273+20, 228+30 \right]$

$\qquad = 273 + 20 = 293$

$$t_{E(20)} = t_{E(19)} + t(19,20) = 293+30 = 323$$

将计算所得的数据标记如图 5.2 所示。

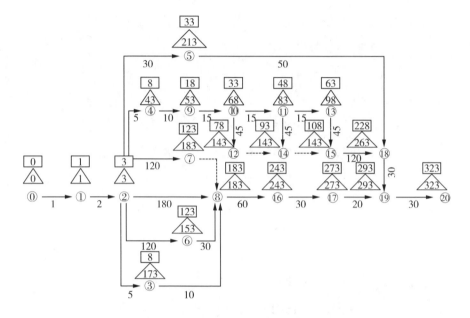

图 5.2　标记后的统筹图

注:箭头下方数据为工序时间 $t(i,j)$;□内数据为节点最早时间 $t_{E(i)}$;

△内数据为节点最迟时间 $t_{L(i)}$。

(2)节点最迟必须发生时间 $t_{L(i)}$

节点最迟必须发生时间,简称节点最迟时间,指的是该节点所有紧前工序最迟必须在这个时间内完工,否则将影响后续工序的最迟开工,影响到工程工期的拖延。$t_{L(i)}$ 是从工程终点开始,从右向左逐个前推计算的。

工程终点(n)的最迟时间是整个工程的完工期,即 $t_{L(n)} = t_{E(n)}$。其他节点的最迟时间等于工程工期减去工程终点到本节点的最长时间,即 $t_{L(i)} = \min[t_{L(i)} - t(i,j)]$。$t_{L(i)}$ 的数据通常记入△内,标记在节点上方。

针对某型直升机的节点最早可能发生时间,计算过程如下:

$$t_{L(20)} = t_{E(20)} = 323$$

$$t_{L(19)} = t_{L(20)} - t(19,20) = 323 - 30 = 293$$

$$t_{L(18)} = t_{L(19)} - t(18,19) = 293 - 30 = 263$$

$$t_{L(17)} = t_{L(19)} - t(17,19) = 293 - 20 = 273$$

$$t_{L(16)} = t_{L(17)} - t(16,17) = 273 - 30 = 243$$

$$t_{L(15)} = t_{L(18)} - t(15,18) = 263 - 120 = 143$$

$$t_{L(14)} = t_{L(18)} - t(14,18) = 263 - 120 = 143$$

$$t_{L(13)} = t_{L(15)} - t(13,15) = 143 - 45 = 98$$

$$t_{L(12)} = t_{L(18)} - t(12,18) = 263 - 120 = 143$$

$$t_{L(11)} = \min\left[t_{L(14)} - t(11,14), t_{L(13)} - t(11,13) \right]$$
$$= \min\left[143 - 45, 98 - 15 \right]$$
$$= 98 - 15 = 83$$

$$t_{L(10)} = \min\left[t_{L(12)} - t(10,12), t_{L(11)} - t(10,11) \right]$$
$$= \min\left[143 - 45, 83 - 15 \right]$$
$$= 83 - 15 = 68$$

$$t_{L(9)} = t_{L(10)} - t(9,10) = 68 - 15 = 53$$

$$t_{L(8)} = t_{L(16)} - t(8,16) = 243 - 60 = 183$$

$$t_{L(7)} = t_{L(8)} - t(7,8) = 183 - 0 = 183$$

$$t_{L(6)} = t_{L(7)} - t(6,7) = 183 - 30 = 153$$

$$t_{L(5)} = t_{L(18)} - t(5,18) = 263 - 50 = 213$$

$$t_{L(4)} = t_{L(9)} - t(4,9) = 53 - 10 = 43$$

$$t_{L(3)} = t_{L(8)} - t(3,8) = 183 - 10 = 173$$

$$t_{L(2)} = \min\left[t_{L(8)} - t(2,8), t_{L(7)} - t(2,7), t_{L(6)} - t(2,6), t_{L(5)} - t(2,5), \right.$$
$$\left. t_{L(4)} - t(2,4), t_{L(3)} - t(2,3) \right]$$
$$= \min\left[183 - 180, 183 - 120, 153 - 120, 213 - 30, 43 - 5, 173 - 5 \right]$$
$$= 183 - 180 = 3$$

$$t_{L(1)} = t_{L(2)} - t(1,2) = 3 - 2 = 1$$
$$t_{L(0)} = t_{L(1)} - t(0,1) = 1 - 1 = 0$$

5.2.4.3 工序最早和最迟开工、完工时间参数

（1）工序最早可能开工时间 $t_{ES(i,j)}$

工序 (i,j) 最早可能开工时间，是节点 i 所有紧前工序全部完工的最早时间，即节点 i 的最早可能发生时间。

$$t_{ES(i,j)} = t_{E(i)} \tag{5.2}$$

（2）工序最早可能完工时间 $t_{EF(i,j)}$

$$t_{EF(i,j)} = t_{ES(i,j)} + t(i,j) = t_{E(i)} + t(i,j) \tag{5.3}$$

（3）工序最迟必须完工时间 $t_{LF(i,j)}$

工序最迟必须完工时间，指的是在不影响工程工期的前提下，工序 (i,j) 的最迟必须完工时间。这个时间就是节点 j 的最迟必须发生时间，即

$$t_{LF(i,j)} = t_{L(j)} \tag{5.4}$$

（4）工序最迟必须开工时间 $t_{LS(i,j)}$

计算公式为 $t_{LS(i,j)} = t_{LF(i,j)} - t(i,j) = t_{L(j)} - t(i,j)$，则根据表5.1的数据计算得各工序最迟必须开工时间 $t_{LS(i,j)}$，如表5.2所示。

表 5.2 最迟必须开工时间表

工序	$t_{LS(0,1)}$	$t_{LS(1,2)}$	$t_{LS(2,3)}$	$t_{LS(2,4)}$	$t_{LS(2,5)}$	$t_{LS(2,6)}$	$t_{LS(2,7)}$	$t_{LS(2,8)}$
$t_{LS(i,j)}$	0	1	168	38	183	33	63	3
工序	$t_{LS(6,8)}$	$t_{LS(7,8)}$	$t_{LS(4,9)}$	$t_{LS(9,10)}$	$t_{LS(10,11)}$	$t_{LS(10,12)}$	$t_{LS(11,13)}$	$t_{LS(11,14)}$
$t_{LS(i,j)}$	153	183	43	53	68	98	83	98
工序	$t_{LS(8,16)}$	$t_{LS(16,17)}$	$t_{LS(5,18)}$	$t_{LS(17,19)}$	$t_{LS(18,19)}$	$t_{LS(19,20)}$	$t_{LS(3,8)}$	$t_{LS(13,15)}$
$t_{LS(i,j)}$	183	243	213	273	263	293	173	98

5.2.4.4 工序机动时间参数

（1）工序单时差 $r(i,j)$

工序单时差，指的是在不影响后续工序最早开工时间条件下，本工序的工序时间可以有多大的机动余地。它等于后续工序最早开工时间 $t_{E(j)}$ 与本

工序最早可能完工时间 $t_{EF(i,j)}$ 的差值,即

$$r(i,j) = t_{E(j)} - t_{EF(i,j)} = t_{E(j)} - [t_{E(i)} + t(i,j)] \qquad (5.5)$$

式中,$t_{E(j)}$ 是节点 j 所有紧前工序最早完工时间中的最大值,而 $t_{EF(i,j)}$ 是其中某一紧前工序的最早完工时间,所以有

$$t_{E(j)} \geqslant t_{EF(i,j)} \qquad (5.6)$$

$$r(i,j) \geqslant 0 \qquad (5.7)$$

节点 j 某一紧前工序即使提前在 $t_{EF(i,j)}$ 完工,也必须等到时刻 $t_{E(j)}$,其后续工序 (j,k) 才能开工。由此可见,工序单时差 $r(i,j)$ 只能为本工序专用,不能留传给后续工序使用。

根据表 5.1 的数据计算得各工序的工序单时差 $r(i,j)$,如表 5.3 所示。

表 5.3　工序单时差

工序	$r(0,1)$	$r(1,2)$	$r(2,3)$	$r(2,4)$	$r(2,5)$	$r(2,6)$	$r(2,7)$
$r(i,j)$	0	0	0	0	0	0	0
工序	$r(3,8)$	$r(6,8)$	$r(7,8)$	$r(4,9)$	$r(9,10)$	$r(10,11)$	$r(10,12)$
$r(i,j)$	165	30	60	0	0	0	0
工序	$r(11,14)$	$r(13,15)$	$r(8,16)$	$r(16,17)$	$r(5,18)$	$r(17,19)$	$r(19,20)$
$r(i,j)$	0	0	0	0	145	0	0
工序	$r(2,8)$	$r(11,13)$					
$r(i,j)$	0	0					

（2）工序总时差 $R(i,j)$

工序总时差,指的是在不影响整个工程工期的条件下,本工序具有的机动时间。它等于工序最迟必须完工时间与最早可能完工时间的差值,即

$$R(i,j) = t_{LF(i,j)} - t_{EF(i,j)} = t_{L(j)} - [t_{E(i)} + t(i,j)] \qquad (5.8)$$

根据表 5.1 的数据计算得各工序的工序总时差 $R(i,j)$,如表 5.4 所示。

表 5.4 工序总时差

工序	$R(0,1)$	$R(1,2)$	$R(2,3)$	$R(2,4)$	$R(2,5)$	$R(2,6)$	$R(2,7)$
$R(i,j)$	0	0	165	35	180	30	60
工序	$R(3,8)$	$R(6,8)$	$R(7,8)$	$R(4,9)$	$R(9,10)$	$R(10,11)$	$R(10,12)$
$R(i,j)$	165	30	60	35	35	35	65
工序	$R(11,14)$	$R(13,15)$	$R(18,16)$	$R(16,17)$	$R(5,18)$	$R(17,19)$	$R(18,19)$
$R(i,j)$	50	35	0	0	180	0	35
工序	$R(2,8)$	$R(11,13)$	$R(19,20)$				
$R(i,j)$	0	35	0				

工序总时差 $R(i,j)$ 提供的是工序允许拖延的最长时间,即总机动时间。工序拖延时间超过这个限度,就会造成整个工程工期的拖延。

通过工序总时差 $R(i,j)$ 的计算结果,可以确定关键工序和关键路线。关键路线上任一关键工序都不允许出现任何时间延误,没有机动时间。因此,$R(i,j)=0$ 的工序就是关键工序,把各关键工序连接起来即可得出关键路线。

在工序总时差 $R(i,j)$ 中,$r(i,j)$ 部分只能为本工序专用,$[R(i,j)-r(i,j)]$ 部分则可由本工序和后续工序所共有,即本工序如果不用,可以留传给后续工序使用。因此,当有必要从机动时间较多的非关键工序抽调人力物力去支援其他工序,且推迟本工序完工时间时,应首先利用本工序的单时差 $r(i,j)$,对$[R(i,j)-r(i,j)]$ 部分,本着工程"赶前不赶后"的原则,将工时尽可能留给后续工序。

对关键路线经过的节点(j),$t_E(j)=t_L(j)$,因而该节点所有紧前工序的 $[R(i,j)-r(i,j)]$ 皆为 0,所有紧前工序的机动时间均不可能留传给后续工序。

5.2.4.5 工序的开工、完工时间和机动时间参数的表格计算法

表格计算法可以不计算节点参数,直接从统筹图及其工序时间计算出各工序的开工、完工时间和机动时间等参数。其基本原理与前述的计算方法相同,只是将计算方法变成另一种形式。

(1)计算公式的变换

①工序的最早可能开工和完工时间

$$t_{ES(i,j)} = t_{E(i)} = \max\left[t_{E(h)} + t(h,i) \right]$$
$$= \max\left[t_{ES(h,i)} + t(h,i) \right] \tag{5.9}$$
$$= \max\left[t_{EF(h,i)} \right]$$
$$t_{EF(h,i)} = t_{ES(h,i)} + t(h,i) \tag{5.10}$$

式(5.9)和式(5.10)表明,$t_{ES(i,j)}$ 等于所有紧前工序 $t_{EF(h,i)}$ 的最大值;$t_{ES(i,j)}$ 与 $t(i,j)$ 相加,可得出 $t_{EF(h,i)}$ 值。

②工序的最迟必须开工和完工时间

$$t_{LF(i,j)} = t_{L(j)} = \min\left[t_{L(k)} - t(j,k) \right]$$
$$= \min\left[t_{LF(j,k)} - t(j,k) \right] \tag{5.11}$$
$$= \min\left[t_{LS(j,k)} \right]$$
$$t_{LS(i,j)} = t_{LF(i,j)} - t(i,j) \tag{5.12}$$

式(5.11)和式(5.12)表明,$t_{LF(i,j)}$ 等于所有后续工序 $t_{LS(j,k)}$ 的最小值;$t_{LF(i,j)}$ 与 $t(i,j)$ 相减,可得出 $t_{LS(i,j)}$ 值。

③工序总时差

$$R(i,j) = t_{LF(i,j)} - t_{EF(i,j)}$$
$$= t_{LS(i,j)} - t_{ES(i,j)} \tag{5.13}$$

④工序单时差

$$r(i,j) = t_{E(j)} - t_{EF(i,j)}$$
$$= \max\left[t_{E(i)} + t(i,j) \right] - t_{EF(i,j)} \tag{5.14}$$

(2)表格计算的步骤和方法

①将统筹图上各工序的编号和工序时间填入表格。填写时,i 和 j 的数值尽可能按从小到大的顺序,由上往下依次排列,以便计算。

②$t_{ES(i,j)}$ 和 $t_{EF(i,j)}$ 值均从工程起点开始,即从表格第一行开始,由上往下逐一计算。已知直接指向工程终点的所有工序的 t_{ES} 为 0,t_{EF} 等于本工序的工序时间。以此为基础,后续工序的 t_{ES} 值等于紧前工序 t_{EF} 的最大值,随之从 t_{ES} 求得本工序的 t_{EF} 值,如此反复,直到求出最后一道工序的 t_{ES} 和 t_{EF} 值。

③$t_{LS(i,j)}$ 和 $t_{LF(i,j)}$ 值均从工程终点开始,即从表格最后一行开始,由下往上逐一计算。已知直接指向工程终点的所有工序的 t_{LF} 值等于工程工期。

由此可算出这些工序的 t_{LS} 值。以此为基础,紧前工序的 t_{LF} 值等于后续工序 t_{LS} 的最小值。从 t_{LF} 再求得本工序的 t_{LS} 值。如此反复,直到求出最初一道工序的 t_{LF} 值和 t_{LS} 值。

④求 $R(i,j)$ 值。将同一行中的 t_{LF} 值与 t_{EF} 值相减,或将同一行中的 t_{LS} 值与 t_{ES} 值相减,即可得出 $R(i,j)$。

⑤求 $r(i,j)$ 值。从 t_{LS} 一列中找出节点 j 所有紧前工序的 t_{EF} 的最大值,将其与本工序 t_{EF} 值相减,即可得出工序的 $r(i,j)$ 值。

表格计算法详见表5.5。

表 5.5　表格计算法

工序		工序时间	最早开工与完工时间		最迟开工与完工时间		工序时差		关键工序
i	j		t_{ES}	t_{EF}	t_{LS}	t_{LF}	$R(i,j)$	$r(i,j)$	
0	1	1	0	1	0	1	0	0	√
1	2	2	1	3	1	3	0	0	√
2	3	5	3	8	168	173	165	0	
2	4	5	3	8	38	43	35	0	
2	5	30	3	33	183	213	180	0	
2	6	120	3	123	33	153	30	0	
2	7	120	3	123	63	183	60	0	
2	8	180	3	183	3	183	0	0	√
3	8	10	8	18	173	183	165	165	
6	8	30	123	153	153	183	30	30	
7	8	0	123	123	183	183	60	60	
4	9	10	8	18	43	53	35	0	
9	10	15	18	33	53	68	35	0	
10	11	15	33	48	68	83	35	0	
10	12	45	33	78	98	143	65	0	
11	13	15	48	63	83	98	35	0	
11	14	45	48	93	98	143	50	0	
13	15	45	63	108	98	143	35	0	
5	18	50	33	83	213	263	180	145	
15	18	120	108	228	143	263	35	0	

续　　表

工序		工序	最早开工与完工时间		最迟开工与完工时间		工序时差		关键
i	j	时间	t_{ES}	t_{EF}	t_{LS}	t_{LF}	$R(i,j)$	$r(i,j)$	工序
8	16	60	183	243	183	243	0	0	√
16	17	30	243	273	243	273	0	0	√
17	19	20	273	293	273	293	0	0	√
18	19	30	228	258	263	293	35	35	
19	20	30	293	323	293	323	0	0	√

5.2.5　研究结果分析

通过分析计算,确定各工序的最早、最迟开工和完工时间,以便在实施中检查控制各工序的进度,确定关键路线,以便重点照顾;计算出非关键工序的机动时间,以便在不影响工程工期或后续工序按照时间开工的前提下,调整人力、物力、时间去支援关键工序,缩短工程工期。着重解决工程的进度问题,以及人力、物力的统筹安排和成本控制等问题,以期用最短的时间、最低的消耗完成预定的维修任务,提高直升机的良好率和可用率。

在此必须说明,直升机故障的部位是随机的,也就是说所进行的维修任务是变化的,因此没有现成的统筹图、统筹表格供参考。在模拟训练时根据故障情况进行统筹图、统筹表的编写是很必要的。

5.3　基于统筹法的直升机应急维修资源优化研究

所需维修人员分布如图 5.3 所示。

从时间接点可以看出在拆第三片旋翼时,共需维修人员 12 名。若把探伤检查与修蒙皮安排在修第三片旋翼后,根据由上述方法从第一道工序开始,按工序之间的关系从左到右画出路线图,并在图上标出节点编号、工序名称或代号(如代号采用箭头两端节点编号则不必标注)、工序时间,就得到一张统筹图,如图 5.4 所示。

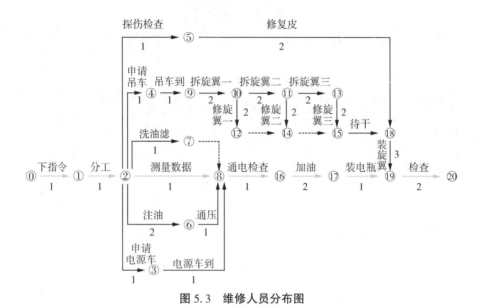

图 5.3　维修人员分布图

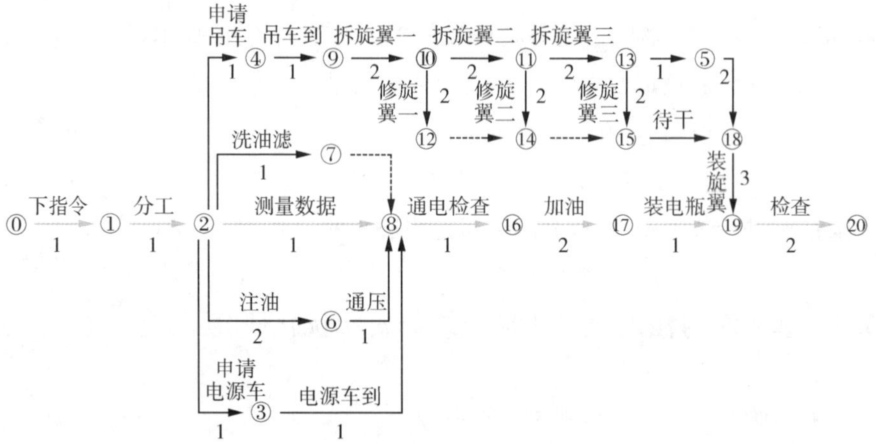

图 5.4　某直升机应急维修统筹图

所需人员分布如图 5.5 所示。从时间节点可以看出在拆第三片旋翼时，共需维修人员 10 名。也就是说，维修一架直升机最多需要维修人员 10 名。若再将洗油滤安排在修第三片旋翼后，将第三片旋翼推迟 15 min 后再维修第一架直升机，人员分布及装备使用情况如图 5.6 所示。

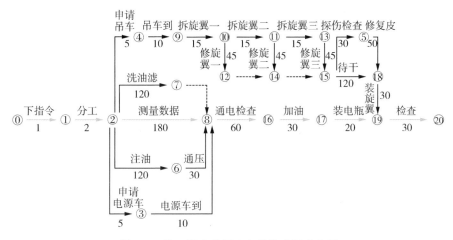

图 5.5 第一架直升机应急维修人员分布图

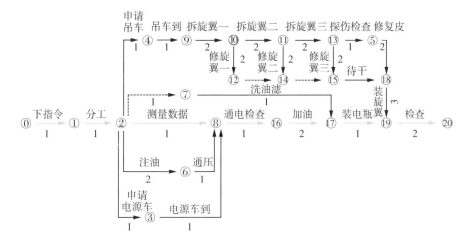

图 5.6 第一架直升机人员分布及装备使用情况

将洗油滤安排在修第三片旋翼后共需要维修人员 9 名,同时将第三片旋翼推迟 15 min 后再修,则只有 15 min 时间(拆第三片旋翼)需维修人员 9 名;其他时间仅需维修人员 7 名。所需维修时间不变,关键工序不变。

同上述方法用一辆吊车同时维修两架直升机维修第二架直升机人员分布及装备使用情况如图 5.7 所示。

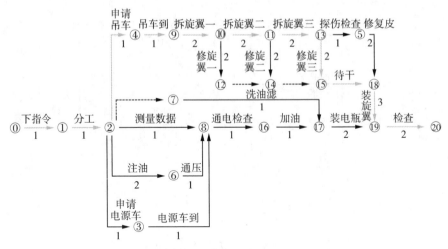

图 5.7　第二架直升机维修人员分布及装备使用情况

通过分析计算可得出:用一辆吊车同时维修两架直升机共需维修人员 14 人,维修第一架直升机需 323 min,维修第二架直升机共需 333 min,都能满足应急维修的要求。但要注意的是其关键工序发生了变化。

复杂环境中直升机应急维修由其维修特点所决定,这使得充分利用有限的人力、物力等资源最大限度地修复每架故障直升机显得非常重要。由于一台牵引车能同时运送多台电源车而吊车却只能运送一台,因此必须考虑用一部吊车同时维修多架直升机。用一部吊车同时维修二架以上的直升机时其关键线路与图 5.7 相同,所需维修人员数为$(8+3n)$,但须指出的是其维修时间已超出了 6 h,因此需要用哪种维修方法要根据具体情况而定。

从时间节点可以看出用老的统筹法进行维修共需维修人员 12 名。更新维修方法后只有 15 min 时间(拆第三片旋翼)需维修人员 9 名;其他时间仅需维修人员 7 名。用一部吊车同时维修两架直升机共需维修人员 14 人,维修第一架直升机需 322 min,维修第二架直升机共需 333 min,都能满足应急维修的要求。

由上述可以看出,利用新的维修方案大大提高了人员与装备的利用率,这正是应急维修所必需的。因此,在维修多架直升机时,人员与装备的合理统筹更为重要。

6 基于统筹法的直升机应急维修组织与实施

直升机精密复杂,故障直升机能否迅速修复和可靠地参加飞行活动,直接关系到飞行的胜负,关系着飞行人员和国家财产的安全。因此,把组织实施故障直升机维修工作建立在科学的基础上,合理组织、计划和使用人力、物力、财力及时间,以达到最佳维修效果。

6.1 故障检查并确定故障等级

为确保对故障情况做出全面、准确的分析判断,直升机应急维修人员应对故障直升机进行全面系统的检查,分析每一故障模式对直升机工作能力、完成任务能力所造成的影响,确定其故障是允许故障、可修复性故障还是不可修复性故障。直升机故障评估逻辑决断用如图 6.1 所示。

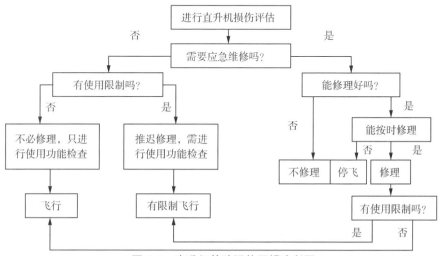

图 6.1 直升机故障评估逻辑决断图

6.1.1 允许故障

允许故障是指不修理对直升机的使用无任何限制的轻微故障,即不影响战斗能力,仍可执行一定飞行任务的可推迟修理故障,但可要求对故障做小的清理,如采取锉修、钻止裂孔等减少应力的措施。

6.1.2 可修复故障

可修复故障是指可在前线环境中修复的中等破坏和较轻微故障,以现有的修理能力能够在规定的时间内修理好的故障,主要指承力构件发生了局部破坏与变形,蒙皮有较大变形与故障,机门和舱门损坏、某些设备和联动装置失效,不影响直升机的整体结构性能的故障。

6.1.3 不可修复故障

不可修复的故障是指在复杂环境条件下现有的修理能力无法修理好的故障。不可修复故障可分为两类。

第一类是不宜在复杂环境条件下修复的较严重故障,是指机身、尾梁、主减速器等的局部严重故障,这些从修理设备和时间等方面权衡不宜在前线环境中修复的故障。

第二类是不可修复的完全破坏和严重故障,是指主要承力构件断裂、机体蒙皮大范围严重变形和损坏、尾梁折断等这些从修理设备、时间等方面权衡不宜修理的故障。

6.2 确定是就地修理还是后送修理

为了保持和恢复持续飞行能力,在一定的时限内,必须尽可能多地修复故障直升机,这就要求故障评估人员掌握设备、人员配属情况、正确估算任务量及修理所用时间等综合因素,及时、迅速地确定是就地修理还是后送修理。在复杂环境条件下形势缓和,修理所需的人力、物力保障以及时间允许的情况下,尽可能安排在就地修理,这样既能便于及时修理,又能减少停机时间,降低修理费用。

6.3 确定故障修复后的能力

对于可修复故障,若修理条件允许,对机体结构故障采用标准修理方法进行修理;若人力、物力和时间等条件有限,可视情况采用应急维修方法进行维修,并分别确定其修复后的能力。

①能全面执行飞行任务,达到平时修复的状态。

②有限制地执行飞行任务,虽然降低了直升机的性能指标,但仍能满足大多数任务需要,能执行当前或下次飞行任务。

③能够自救,恢复直升机的基本功能,升空撤离危险地带。

6.4 科学安排故障直升机维修的先后顺序

为在一定时限内修复更多的故障直升机,应科学合理地安排故障直升机维修的先后顺序。一是先维修对飞行影响大的特种直升机,后维修一般、用途少的直升机;二是先维修备件齐全的直升机,后维修缺件的直升机;三是先维修简单、适航性好、可带伤返回的直升机,后维修复杂、在地面遭受故障的直升机;四是先维修关键部件,后维修一般部件。

6.5 制定直升机应急维修方案

维修方案一般采用预备方案,并根据现场情况进行临时修订。制定的维修方案使用时间最短,一般为 6 h,最长不超过 24 h;使用人员最少,以专业修理人员为主,充分发挥现场人员的作用;选取的维修方法最好,以换件维修和拼装维修为主,其他应急维修为辅。同时还应注意遵守:一是为使在最短的时间内修复故障直升机,应靠前组织,就地维修;二是应科学编组,统筹安排;三是为节省时间,减小修理的难度,在保证故障直升机能完成下次任务的前提下,坚持"就低不就高,临时性修理"的原则;四是利用一切可以利用的手段和方法,坚持"因地制宜,就地取材"的原则。

6.6　维修过程的管理

故障直升机维修任务急、工作繁忙、作业环境和条件差,因此容易出现漏洞和差错,影响直升机应急维修的顺利进行,甚至危及安全。在组织应急维修中,应明确直升机维修过程的管理。

在故障直升机维修全过程中,直升机机械师应在场了解维修的进度和修理质量,负责故障直升机的维护管理;在特殊情况下,故障直升机需要临时移交给维修组负责维护保管时,应当做好直升机的交接,明确责任。

故障直升机的故障部分由维修组负责组织修理,修复后经质量检验合格,需进行试飞时,试飞的机务准备工作应由该机的机械师负责组织实施。维修组应当协助其试飞,排除试飞中出现的故障,并对该机维修后首次升空的质量安全负责。

6.7　故障直升机维修的组织实施方法

为提高故障直升机维修效率,在组织实施时应注意使用以下方法。

6.7.1　统筹安排,严密计划

酌情运用统筹法、平行作业法、梯次安排法组织实施故障直升机维修工作,这样可以以最短的时间、最低的消耗完成预定的维修任务,提高直升机的良好率和可用率。

6.7.2　扩编补充,搞好培训

结构修理人员是直升机应急维修的主力,但由于平时修理厂在编维修人员数量少,不能适应维修任务的需要,因此,应搞好结构修理人员的兼工培训和短期培训,以解决人力不足的问题。

6.7.3　科学编组,连续作业

直升机体积小,故障部位又往往比较集中,修理作业条件、范围受限。

为了维修故障直升机,需要同时投入很多的人力。但投入的人力过多,又容纳不下,可能造成"窝工"。因此根据直升机维修作业条件差和保证连续作业的要求,对修理人员进行合理编组是十分必要的。直升机维修人员(包括兼工和扩编人员在内)的编配,最好将 8~12 人编为一个维修分队,每 3~4 人编为一个修理小组。这样既便于搭配成对、施工协作,也便于倒班轮换。

6.7.4 统一管理,统筹安排

故障直升机的故障程度、故障部位不尽相同,所需维修人员、维修器材的数量、类别也有所不同,因此维修人员与维修器材应统一管理、统筹安排。只有这样才有利于发挥人员与装备的最大效能。

7 直升机故障及其修复情况分析研究

7.1 直升机故障情况分析研究

以 100 架直升机飞行为例：其中 A 型直升机(N_A) 10 架，B 型直升机(N_B) 50 架，C 型直升机(N_C) 40 架。将整个机群看成一个整体，直升机遭遇冰雹 3 次，每次遭遇冰雹毁伤 A 型直升机、B 型直升机、C 型直升机的概率(W_A, W_B, W_C) 分别为 0.2，0.15，0.1。

7.1.1 平均故障目标数，对群目标损伤(不进行目标分配)

$$\overline{W} = 1 - (1 - qW)^n$$
$$W_A = 1 - (1 - 0.2)^3 = 0.488$$
$$W_B = 1 - (1 - 0.15)^3 = 0.385875$$
$$W_C = 1 - (1 - 0.1)^3 = 0.271$$
$$N = E(x) = \sum_{i=1}^{n} W_i$$
$$N = W_A + W_B + W_C = 10 \times 0.488 + 50 \times 0.385875 + 40 \times 0.271 = 35.01375 \text{ (架)}$$

7.1.2 进行目标分配

用 200 次冰雹综合体($k = 200$) 来击伤 100 架直升机($n = 100$)，每次冰雹综合体击伤单架直升机(A 型直升机、B 型直升机、C 型直升机) 的概率分别为 0.2，0.15，0.1。

$$N = n\left[1 - (1 - p)^{\frac{k}{n}}\right]$$

$N = 10 \times [1-(1-0.2)^2] + 50 \times [1-(1-0.15)^2] + 40 \times [1-(1-0.1)^2]$

$\quad = 25.075(架)$

若 $\dfrac{k}{n}$ 不是整数$\left(\dfrac{k}{n} = 2.5\right)$,可按下式进行计算:

$$N = n[1-(1-p)^m(1-\Delta m \times p)]$$

式中,m 为整数部分;Δm 为小数部分。

$N = 10 \times [1-(1-0.2)^2(1-0.5 \times 0.2)] + 50 \times [1-(1-0.15)^2(1-0.5 \times 0.15)] +$

$\quad 40 \times [1-(1-0.1)^2(1-0.5 \times 0.1)] = 30.044375(架)$

7.1.3　随机性分配是均匀的

$$N = n\left[1-\left(1-\frac{p}{n}\right)^k\right]$$

$$N = 10 \times \left[1-\left(1-\frac{0.2}{100}\right)^{200}\right] + 50 \times \left[1-\left(1-\frac{0.15}{100}\right)^{200}\right] +$$

$$40 \times \left[1-\left(1-\frac{0.1}{100}\right)^{200}\right] = 23.52(架)$$

7.1.4　对抗时的效率

100 架直升机($n = 100$)遭遇 200 次冰雹($k = 200$),每次冰雹综合体的毁伤单架直升机(A 型直升机、B 型直升机、C 型直升机的)的概率分别为 0.2,0.15,0.1。冰雹袭击 3 种直升机使其数量减少的概率分别为 0.5,0.5,0.4,且相互独立。

由于直升机通过冰雹地区后,冰雹袭击 3 种直升机使其数量减少的概率分别为 0.5,0.5,0.4,且相互独立。对抗失效的概率分别为 $q_A = q_B = 1-0.5 = 0.5$,$q_C = 1-0.4 = 0.6$,且相互独立。

$$\overline{W} = 1-(1-qW)^{\frac{k}{n}}$$

$$\overline{W}_A = 1-(1-qW)^{\frac{k}{n}} = 1-(1-0.5 \times 0.2)^2 = 0.19$$

$$\overline{W}_B = 1-(1-qW)^{\frac{k}{n}} = 1-(1-0.5 \times 0.15)^2 = 0.144375$$

$$\overline{W}_C = 1-(1-qW)^{\frac{k}{n}} = 1-(1-0.6 \times 0.1)^2 = 0.1164$$

$$N = 10 \times \bar{W}_A + 50 \times \bar{W}_B + 40 \times \bar{W}_C$$
$$= 10 \times 0.19 + 50 \times 0.144375 + 40 \times 0.1164 = 13.77475(\text{架})$$

7.2　故障直升机的维修情况分析研究

以飞行 12 h,15 架直升机受伤为例,可以归结为 $M/M/C$ 等待制系统。服务强度,即排队系统的平均到达率(λ)和平均服务率(μ)的比值,常用 ρ 表示,服从泊松过程。有 10 个维修分队对故障直升机进行应急维修,每架直升机平均所需维修时间为 6 h,且维修时间服从副指数分布,当进入维修区的直升机数量超过 10 架时,后到直升机处于等待修理状态,设修复率 $P_h = 0.9$。

由 $C = 10, \lambda = \dfrac{15}{12} = 1.25, \mu = \dfrac{1}{6} = 0.1667,$可得

$$\rho = \frac{\lambda}{\mu} = \frac{1.25}{\dfrac{1}{6}} = 7.5$$

$$\rho_C = \frac{\lambda}{C\mu} = \frac{1.25}{10 \times \dfrac{1}{6}} = 0.75$$

所以 $0 < \rho_C < 1$ 符合要求,不会形成无限队长。

7.2.1　系统状态概率的计算

全部维修分队都不工作的概率为

$$P_0 = \left[\sum_{n=0}^{C-1} \frac{1}{n!} \left(\frac{\lambda}{\mu} \right)^n + \frac{1}{C!} \frac{1}{1 - \rho_C} \left(\frac{\lambda}{\mu} \right)^C \right]^{-1}$$

$$= \left[\frac{(7.5)^0}{0!} + \frac{(7.5)^1}{1!} + \frac{(7.5)^2}{2!} + \cdots + \frac{(7.5)^9}{9!} + \frac{(7.5)^{10}}{10!} \times \frac{1}{1 - 0.75} \right]^{-1}$$

$$= 4.939448 \times 10^{-4}$$

有 $n(n = 1,2,3,\cdots,10)$ 个维修分队参与维修的概率为

$$P_1 = \frac{1}{1!} \left(\frac{\lambda}{\mu} \right)^1 P_0 = (7.5)^1 \times 4.94 \times 10^{-4} = 3.705 \times 10^{-3}$$

$$P_2 = \frac{1}{2!}\left(\frac{\lambda}{\mu}\right)^2 P_0 = \frac{(7.5)^2}{2!} \times 4.94 \times 10^{-4} = 1.39 \times 10^{-2}$$

$$P_3 = \frac{1}{3!}\left(\frac{\lambda}{\mu}\right)^3 P_0 = \frac{(7.5)^3}{3!} \times 4.94 \times 10^{-4} = 3.47 \times 10^{-2}$$

$$P_4 = \frac{1}{4!}\left(\frac{\lambda}{\mu}\right)^4 P_0 = 6.51 \times 10^{-2}$$

$$P_5 = \frac{1}{5!}\left(\frac{\lambda}{\mu}\right)^5 P_0 = 9.77 \times 10^{-2}$$

$$P_6 = \frac{1}{6!}\left(\frac{\lambda}{\mu}\right)^6 P_0 = 1.22 \times 10^{-1}$$

$$P_7 = \frac{1}{7!}\left(\frac{\lambda}{\mu}\right)^7 P_0 = 1.31 \times 10^{-1}$$

$$P_8 = \frac{1}{8!}\left(\frac{\lambda}{\mu}\right)^8 P_0 = 1.23 \times 10^{-1}$$

$$P_9 = \frac{1}{9!}\left(\frac{\lambda}{\mu}\right)^9 P_0 = 1.022 \times 10^{-1}$$

$$P_{10} = \frac{1}{10!}\left(\frac{\lambda}{\mu}\right)^{10} P_0 = 7.666 \times 10^{-2}$$

其中 P_{10} 表示了目标数恰好为 10 架直升机时, 10 个维修分队全部都维修的概率。

全部维修分队都维修的概率为

$$P\{N \geqslant 10\} = P' = \frac{1}{C!} \times \left(\frac{\lambda}{\mu}\right)^C \times P_0 \times \frac{1}{1 - \rho_C}$$

$$= \frac{1}{10!} \times (7.5)^{10} \times 4.94 \times 10^{-4} \times \frac{1}{1 - 0.75}$$

$$= 3.066 \times 10^{-1}$$

7.2.2　各效率指标的计算

在维修过程中平均等待维修的直升机数为

$$L_q = \frac{(C\rho_C)^C \rho_C}{C!\ (1 - \rho_C)^2} P_0 = \frac{\rho^c \rho_C}{C!\ (1 - \rho_C)^2} P_0 = \frac{(7.5)^{10} \times 0.75}{10!\ (1 - 0.75)^2} \times 4.94 \times 10^{-4}$$

$$= 0.92\ (架)$$

维修过程中包含的平均直升机数为

$$L_S = L_q + C\rho_C = L_q + \rho = 0.92 + 7.5 = 8.42 \text{（架）}$$

直升机在维修过程中平均等待时间为

$$W_q = \frac{L_q}{\lambda} = \frac{0.92}{1.25} = 0.736 \text{（h）}$$

直升机在维修过程中平均停留时间为

$$W_S = W_q + \frac{1}{\mu} = 0.736 + \frac{1}{\frac{1}{6}} = 6.736 \text{（h）}$$

上述效率指标不考虑故障直升机下次飞行实际需要时间。

7.2.3　故障直升机需7 h后继续参加飞行的效率指标

首先计算在维修过程中所需时间不超过7 h的概率。由于 $\rho = 7.5, C = 10$，$\rho \neq C-1$，所以有

$$P\{T \leq 7\} = W(7) = 1 - \left[1 + \frac{P_C}{(C-1-\rho)(1-\rho_C)}\right] e^{-\mu t} + \frac{P_C}{(C-1-\rho)(1-\rho_C)} e^{-C\mu t(1-\rho_C)}$$

$$= 1 - \left[1 + \frac{7.666 \times 10-2}{(10-1-7.5)(1-0.75)}\right] e^{-\frac{7}{6}} + \frac{7.666 \times 10-2}{(10-1-7.5)(1-0.75)} e^{-\frac{35}{12}}$$

$$= 1 - 1.2044 e^{-\frac{7}{6}} + 0.2044 e^{-\frac{35}{12}} = 0.636$$

故障直升机没被维修的概率为

$$P_u = 1 - W(7) = 1 - 0.636 = 0.364$$

故障直升机被维修的概率为

$$P_S = 1 - P_u = W(7) = 0.636$$

由假设条件 $P_h = 0.9, N = 15$，得故障直升机被修复的概率为

$$P_H = P_s \times P_h = 0.636 \times 0.9 = 0.5724$$

故障直升机被维修的数学期望值为

$$M_S = N \times P_S = 15 \times 0.636 = 9.54 \text{（架）}$$

故障直升机被修复的数学期望值为

$$M_h = N \times P_H = 15 \times 0.5724 = 8.586 \text{（架）}$$

故障直升机未被修复的数学期望值为

$$M_t = N \times (1 - P_H) = 15 \times 0.4276 = 6.414(\text{架})$$

维修分队参加维修的数学期望值为

$$M = \sum_{n}^{C-1} n \times P_n + C \times P' = 7.5$$

维修分队的平均负荷率为

$$F = \frac{100M}{C} \times 100\% = 75\%$$

故障直升机送修持续时间为

$$T_t = N \times \frac{1}{\lambda} = 15 \times \frac{1}{1.25} = 12(\text{h})$$

每个维修分队平均维修直升机数为

$$n_s = \frac{N \times P_S}{C} = \frac{15 \times 0.636}{10} = 0.954$$

每个维修分队对一架故障直升机平均维修时间为 6 h。

一个维修分队用于维修故障直升机的时间为

$$0.954 \times 6 = 5.724(\text{h})$$

结果表明:维修分队的工作量较大,未被维修的故障直升机占全部故障直升机数的 40% 以上(6.414 架),维修的效果不理想;因此,应提高维修效率,增加维修分队数量或延长维修时间。

7.3 提高故障直升机维修效果的方法分析

7.3.1 提高维修效率

其他参数和条件不变,每架直升机平均所需维修时间缩减为 5 h,且维修时间服从副指数分布,当进入维修区的直升机数量超过 10 架时,后到直升机处于等待修理状态,设修复率 $P_h = 0.9$。

由 $C = 10, \lambda = \frac{15}{12} = 1.25, \mu = \frac{1}{5} = 0.2$,可得

$$\rho = \frac{\lambda}{\mu} = \frac{1.25}{0.2} = 6.25$$

$$\rho_C = \frac{\lambda}{C\mu} = \frac{1.25}{10 \times 0.2} = 0.625$$

所以 $0 < \rho_C < 1$ 符合要求，不会形成无限队长。

（1）系统状态概率的计算

全部维修分队都不工作的概率为

$$P_0 = \left[\sum_{n=0}^{C-1} \frac{1}{n!} \left(\frac{\lambda}{\mu} \right)^n + \frac{1}{C!} \frac{1}{1-\rho_C} \left(\frac{\lambda}{\mu} \right)^C \right] - 1$$

$$= \left[\frac{(6.25)^0}{0!} + \frac{(6.25)^1}{1!} + \frac{(6.25)^2}{2!} + \cdots + \frac{(6.25)^9}{9!} + \frac{(6.25)^{10}}{10!} \times \frac{1}{1-0.625} \right]^{-1}$$

$$= 1.88 \times 10^{-3}$$

有 $n(n=1,2,3,\cdots,10)$ 个维修分队参与维修的概率为

$$P_1 = \frac{1}{1!} \left(\frac{\lambda}{\mu} \right)^1 P_0 = (6.25)^1 \times 1.88 \times 10^{-3} = 1.175 \times 10^{-2}$$

$$P_2 = \frac{1}{2!} \left(\frac{\lambda}{\mu} \right)^2 P_0 = \frac{(6.25)^2}{2!} \times 1.88 \times 10^{-3} = 3.672 \times 10^{-2}$$

$$P_3 = \frac{1}{3!} \left(\frac{\lambda}{\mu} \right)^3 P_0 = \frac{(6.25)^3}{3!} \times 1.88 \times 10^{-3} = 7.65 \times 10^{-2}$$

$$P_4 = \frac{1}{4!} \left(\frac{\lambda}{\mu} \right)^4 P_0 = 1.195 \times 10^{-1}$$

$$P_5 = \frac{1}{5!} \left(\frac{\lambda}{\mu} \right)^5 P_0 = 1.494 \times 10^{-1}$$

$$P_6 = \frac{1}{6!} \left(\frac{\lambda}{\mu} \right)^6 P_0 = 1.556 \times 10^{-1}$$

$$P_7 = \frac{1}{7!} \left(\frac{\lambda}{\mu} \right)^7 P_0 = 1.39 \times 10^{-1}$$

$$P_8 = \frac{1}{8!} \left(\frac{\lambda}{\mu} \right)^8 P_0 = 1.086 \times 10^{-1}$$

$$P_9 = \frac{1}{9!} \left(\frac{\lambda}{\mu} \right)^9 P_0 = 7.539 \times 10^{-2}$$

$$P_{10} = \frac{1}{10!} \left(\frac{\lambda}{\mu} \right)^{10} P_0 = 4.712 \times 10^{-2}$$

其中,P_{10} 表示了目标数恰好为 10 架直升机时,10 个维修分队全部参与维修的概率。

全部维修分队都维修的概率为

$$P\{N \geqslant 10\} = P' = \frac{1}{C!} \times \left(\frac{\lambda}{\mu} \right)^C \times P_0 \times \frac{1}{1 - \rho_C}$$

$$= \frac{1}{10!} \times (6.25)^{10} \times 1.88 \times 10^{-3} \times \frac{1}{1 - 0.625}$$

$$= 1.2565 \times 10^{-1}$$

(2)各效率指标的计算

在维修过程中平均等待修理的直升机数为

$$L_q = \frac{(C\rho_C)^C \rho_C}{C!(1 - \rho_C)^2} P_0 = \frac{\rho^C \rho_C}{C!(1 - \rho_C)^2} P_0 = \frac{(6.25)^{10} \times 0.625}{10!(1 - 0.625)^2} \times 1.88 \times 10^{-3}$$

$$= 0.21 (架)$$

维修过程中平均包含的直升机数为

$$L_S = L_q + C\rho_C = L_q + \rho = 0.21 + 6.25 = 6.46 (架)$$

直升机在维修过程中平均等待时间为

$$W_q = \frac{L_q}{\lambda} = \frac{0.21}{1.25} = 0.168 (h)$$

直升机在维修过程中平均停留时间为

$$W_S = W_q + \frac{1}{\mu} = 0.168 + \frac{1}{\frac{1}{5}} = 5.168 (h)$$

上述效率指标不考虑故障直升机下次飞行实际需要时间。

(3)故障直升机需 7 h 后继续参加飞行的效率指标

首先计算在维修过程中所需时间不超过 7 h 的概率。由于 $\rho = 6.25$,$C = 10$,$\rho \neq C - 1$,所以有

$$P\{T \leqslant 7\} = W(7) = 1 - \left[1 + \frac{P_C}{(C-1-\rho)(1-\rho_C)}\right]e^{-\mu t} + \frac{P_C}{(C-1-\rho)(1-\rho_C)}e^{-C\mu t(1-\rho_C)}$$

$$= 1 - \left[1 + \frac{4.712 \times 10^{-2}}{(10-1-6.25)(1-0.625)}\right]e^{-1.4} + \frac{4.712 \times 10^{-2}}{(10-1-6.25)(1-0.625)}e^{-5.25}$$

$$= 1 - 1.04569e^{-1.4} + 0.04569e^{-5.25} = 0.745$$

故障直升机没被维修的概率为

$$P_u = 1 - W(7) = 1 - 0.745 = 0.255$$

故障直升机被维修的概率为

$$P_S = 1 - P_u = W(7) = 0.745$$

由假设条件 $P_h = 0.9, N = 15$，故障直升机被修复的概率为

$$P_H = P_s \times P_h = 0.745 \times 0.9 = 0.6705$$

故障直升机被维修的数学期望值为

$$M_s = N \times P_S = 15 \times 0.745 = 11.175(架)$$

故障直升机被修复的数学期望值为

$$M_h = N \times P_H = 15 \times 0.6705 = 10.0575(架)$$

故障直升机未被修复的数学期望值为

$$M_t = N \times (1 - P_H) = 15 \times 0.3295 = 4.9425(架)$$

维修分队参与维修的数学期望值为

$$M = \sum_{n}^{C-1} n \times P_n + C \times P' = 6.25$$

维修分队的平均负荷率为

$$F = \frac{100M}{C} \times 100\% = 62.5\%$$

故障直升机送修持续时间为

$$T_t = N \times \frac{1}{\lambda} = 15 \times \frac{1}{1.25} = 12(h)$$

每个维修分队平均维修直升机数为

$$n_s = \frac{N \times P_S}{C} = \frac{15 \times 0.745}{10} = 1.1175(架)$$

每个维修分队对一架故障直升机平均维修时间为 6 h。

一个维修分队用于维修故障直升机的时间为

$$1.1175 \times 6 = 6.705(\mathrm{h})$$

综上所述,不同维修效率情况下直升机的维修效果见表 7.1。

表 7.1　不同维修效率情况下直升机的维修效果一览表

维修效率	6 h/架	5 h/架	4 h/架	3 h/架	2 h/架
被维修的概率	63.6%	74.5%	82.47%	90.3%	97%
被维修的数学期望值	9.54	11.175	12.37	13.55	14.55
被修复的数学期望值	8.59	10.06	11.13	12.19	13.10

从表 7.1 可以看出:维修分队的维修效率不断提高,直升机的维修概率也明显提升,维修效果越来越理想。

7.3.2　增加维修分队数量

其他参数和条件不变,维修分队数量增至 12 个,每架直升机平均所需维修时间为 6 h,且维修时间服从副指数分布,当进入维修区的故障直升机数量超过 12 架时,后到直升机处于等待修理状态,设修复率 $P_h = 0.9$。

由 $C = 12$, $\lambda = \dfrac{15}{12} = 1.25$, $\mu = \dfrac{1}{6}$, 可得

$$\rho = \frac{\lambda}{\mu} = \frac{1.25}{\dfrac{1}{6}} = 7.5$$

$$\rho_C = \frac{\lambda}{C\mu} = \frac{1.25}{12 \times \dfrac{1}{6}} = 0.625$$

所以 $0 < \rho_C < 1$ 符合要求,不会形成无限队长。

(1)系统状态概率的计算

全部维修分队都不工作的概率为

$$P_0 = \left[\sum_{n=0}^{C-1} \frac{1}{n!} \left(\frac{\lambda}{\mu} \right)^n + \frac{1}{C!} \frac{1}{1-\rho_C} \left(\frac{\lambda}{\mu} \right)^C \right]^{-1}$$

$$= \left[\frac{(7.5)^0}{0!} + \frac{(7.5)^1}{1!} + \frac{(7.5)^2}{2!} + \cdots + \frac{(7.5)11}{11!} + \frac{(7.5)12}{12!} \times \frac{1}{1-0.625} \right]^{-1}$$

$$= 5.43 \times 10^{-4}$$

有 $n(n=1,2,3,\cdots,10)$ 个维修分队参与维修的概率为

$$P_1 = \frac{1}{1!} \left(\frac{\lambda}{\mu} \right)^1 P_0 = (7.5)^1 \times 5.43 \times 10^{-4} = 4.0725 \times 10^{-3}$$

$$P_2 = \frac{1}{2!} \left(\frac{\lambda}{\mu} \right)^2 P_0 = \frac{(7.5)^2}{2!} \times 5.43 \times 10^{-4} = 1.527 \times 10^{-2}$$

$$P_3 = \frac{1}{3!} \left(\frac{\lambda}{\mu} \right)^3 P_0 = \frac{(7.5)^3}{3!} \times 5.43 \times 10^{-4} = 3.818 \times 10^{-2}$$

$$P_4 = \frac{1}{4!} \left(\frac{\lambda}{\mu} \right)^4 P_0 = 7.1587 \times 10^{-2}$$

$$P_5 = \frac{1}{5!} \left(\frac{\lambda}{\mu} \right)^5 P_0 = 1.074 \times 10^{-1}$$

$$P_6 = \frac{1}{6!} \left(\frac{\lambda}{\mu} \right)^6 P_0 = 1.342 \times 10^{-1}$$

$$P_7 = \frac{1}{7!} \left(\frac{\lambda}{\mu} \right)^7 P_0 = 1.438 \times 10^{-1}$$

$$P_8 = \frac{1}{8!} \left(\frac{\lambda}{\mu} \right)^8 P_0 = 1.348 \times 10^{-1}$$

$$P_9 = \frac{1}{9!} \left(\frac{\lambda}{\mu} \right)^9 P_0 = 1.1235 \times 10^{-1}$$

$$P_{10} = \frac{1}{10!} \left(\frac{\lambda}{\mu} \right)^{10} P_0 = 8.43 \times 10^{-2}$$

$$P_{11} = \frac{1}{11!} \left(\frac{\lambda}{\mu} \right)^{11} P_0 = 5.745 \times 10^{-2}$$

$$P_{12} = \frac{1}{12!} \left(\frac{\lambda}{\mu} \right)^{12} P_0 = 3.59 \times 10^{-2}$$

其中 P_{12} 表示了目标数恰好为12架直升机时,12个维修分队全部被维修

的概率。

全部维修分队都维修的概率为

$$P\{N \geqslant 12\} = P' = \frac{1}{C!} \times \left(\frac{\lambda}{\mu}\right)^C \times P_0 \times \frac{1}{1-\rho_C}$$

$$= \frac{1}{12!} \times (7.5)^{12} \times 5.43 \times 10^{-4} \times \frac{1}{1-0.625}$$

$$= 9.5756 \times 10^{-2}$$

（2）各效率指标的计算

在维修过程中平均等待修理的直升机数为

$$L_q = \frac{(C\rho_C)^C \rho_C}{C!(1-\rho_C)^2} P_0 = \frac{\rho^C \rho_C}{C!(1-\rho_C)^2} P_0 = \frac{(7.5)^{12} \times 0.625}{12!(1-0.625)^2} \times 5.43 \times 10^{-4}$$

$$= 0.16 \text{（架）}$$

维修过程中平均包含的直升机数为

$$L_S = L_q + C\rho_C = L_q + \rho = 0.16 + 7.5 = 7.66 \text{（架）}$$

直升机在维修过程中平均等待时间为

$$W_q = \frac{L_q}{\lambda} = \frac{0.16}{1.25} = 0.128 \text{（h）}$$

直升机在维修过程中平均停留时间为

$$W_S = W_q + \frac{1}{\mu} = 0.128 + \frac{1}{\frac{1}{6}} = 6.128 \text{（h）}$$

上述效率指标不考虑故障直升机下次飞行实际需要时间。

（3）故障直升机需 7 h 后继续参加飞行的效率指标

首先计算在维修过程中所需时间不超过 7 h 的概率。由于 $\rho = 7.5$，$C = 12, \rho \neq C - 1$，所以有

$$P\{T \leqslant 7\} = W(7) = 1 - \left[1 + \frac{P_C}{(C-1-\rho)(1-\rho_C)}\right] e^{-\mu t} + \frac{P_C}{(C-1-\rho)(1-\rho_C)} e^{-C\mu(1-\rho_C)}$$

$$= 1 - \left[1 + \frac{3.59 \times 10^{-2}}{(12-1-7.5)(1-0.625)}\right] e^{-\frac{7}{6}} + \frac{3.59 \times 10^{-2}}{(12-1-7.5)(1-0.625)} e^{-\frac{21}{4}}$$

$$= 1 - 1.02735 e^{-\frac{7}{6}} + 0.02735 e^{-\frac{21}{4}} = 0.68$$

故障直升机没被维修的概率为

$$P_u = 1 - W(7) = 1 - 0.68 = 0.32$$

故障直升机被维修的概率为

$$P_S = 1 - P_u = W(7) = 0.68$$

由假设条件 $P_h = 0.9, N = 15$，故障直升机被修复的概率为

$$P_H = P_s \times P_h = 0.68 \times 0.9 = 0.612$$

故障直升机被维修的数学期望值为

$$M_s = N \times P_s = 15 \times 0.68 = 10.2 （架）$$

故障直升机被修复的数学期望值为

$$M_h = N \times P_H = 15 \times 0.612 = 9.18 （架）$$

故障直升机未被修复的数学期望值为

$$M_t = N \times (1 - P_H) = 15 \times 0.388 = 5.82 （架）$$

维修分队参加维修的数学期望值为

$$M = \sum_{n}^{C-1} n \times P_n + C \times P' = 7.5$$

维修分队的平均负荷率为

$$F = \frac{100M}{C} \times 100\% = 62.5\%$$

故障直升机送修持续时间为

$$T_t = N \times \frac{1}{\lambda} = 15 \times \frac{1}{1.25} = 12(\text{h})$$

每个维修分队平均维修直升机数为

$$n_s = \frac{N \times P_S}{C} = \frac{15 \times 0.68}{12} = 0.85$$

每个维修分队对一架故障直升机平均维修时间为 6 h。

一个维修分队用于维修故障直升机的时间为

$$0.85 \times 6 = 5.1(\text{h})$$

7.3.3　延长维修时间

有 10 个维修分队对故障直升机进行应急维修，每架直升机平均所需维

修时间为 6 h，且维修时间服从副指数分布，当进入维修区的直升机数量超过 10 架时，后到直升机处于等待修理状态，设修复率 $P_h = 0.9$。

故障直升机需 9 h 后继续参加飞行的效率指标。

首先计算在维修过程中所需时间不超过 9 h 的概率。由于 $\rho = 7.5$，$C = 10, \rho \neq C - 1$，所以有

$$P\{T \leqslant 9\} = W(9) = 1 - \left[1 + \frac{P_C}{(C-1-\rho)(1-\rho_C)}\right] e^{-\mu t} + \frac{P_C}{(C-1-\rho)(1-\rho_C)} e^{-C\mu t(1-\rho_C)}$$

$$= 1 - \left[1 + \frac{7.666 \times 10^{-2}}{(10-1-7.5)(1-0.75)}\right] e^{-\frac{3}{2}} + \frac{7.666 \times 10^{-2}}{(10-1-7.5)(1-0.75)} e^{-\frac{15}{4}}$$

$$= 1 - 1.2044 e^{-\frac{3}{2}} + 0.2044 e^{-\frac{15}{4}} = 0.7361$$

故障直升机没被维修的概率为

$$P_u = 1 - W(9) = 1 - 0.7361 = 0.2639$$

故障直升机被维修的概率为

$$P_S = 1 - P_u = W(9) = 0.7361$$

由假设条件 $P_h = 0.9, N = 15$，故障直升机被修复的概率为

$$P_H = P_s \times P_h = 0.7361 \times 0.9 = 0.66249$$

故障直升机被维修的数学期望值为

$$M_S = N \times P_S = 15 \times 0.7361 = 11.0415 (架)$$

故障直升机被修复的数学期望值为

$$M_h = N \times P_H = 15 \times 0.66249 = 9.93735 (架)$$

故障直升机未被修复的数学期望值为

$$M_t = N \times (1 - P_H) = 15 \times 0.33751 = 5.06265 (架)$$

维修分队参加维修的数学期望值为

$$M = \sum_{n}^{C-1} n \times P_n + C \times P' = 7.5$$

维修分队的平均负荷率为

$$F = \frac{100M}{C} \times 100\% = 75\%$$

故障直升机送修持续时间为

$$T_t = N \times \frac{1}{\lambda} = 15 \times \frac{1}{1.25} = 12(\text{h})$$

每个维修分队平均维修直升机数为

$$n_s = \frac{N \times P_s}{C} = \frac{15 \times 0.7361}{10} = 1.10415$$

每个维修分队对一架故障直升机平均维修时间为 6 h。

一个维修分队用于维修故障直升机的时间为

$$1.10415 \times 6 = 6.6249(\text{h})$$

从表 7.2 可以看出:增加维修分队数量时故障直升机被维修的概率提高得较少,维修分队的利用率较低;延长维修时间虽然可以大大提高故障直升机被维修的概率,但是却不能较好地增加下次飞行直升机的数量。而提高维修分队的维修效率使直升机在维修过程中平均停留时间最短,维修过程中平均包含的直升机数为最少,故障直升机被维修的概率最高,维修分队的平均负荷率为却明显下降;能够较好地保证下次直升机的完好飞行率,是飞行能力生成的重要因素。要提高维修效率必须提高人员素质、拥有先进的维修工具设备、完善的故障评估系统和信息化水平、安全高效的工作环境等。因此,我们必须加强高技术复杂环境条件下的直升机应急维修配套建设研究。

表 7.2 不同的维修方法效率指标对比表

提高维修效果的方法	提高维修效率	增加维修分队数量	延长维修时间
直升机在维修过程中平均等待时间 /h	0.168	0.128	0.736
直升机在维修过程中平均停留时间 /h	5.168	6.128	6.736
维修过程中平均包含的直升机数为 / 架	6.46	7.66	8.42
故障直升机被维修的概率	74.5%	68%	73.61%
维修分队的平均负荷率为	62.5%	62.5%	75.0%
每个维修分队参与维修的时间 /h	6.705	5.100	6.625

8　直升机应急维修配套建设研究

8.1　加强对维修理论的研究,不断提高直升机的性能和单机信息化水平

装备直升机应急维修理论从总体上可以分为可维修性理论和直升机应急维修理论。可维修性理论主要包括可维修性基础、可维修性设计、可维修性实验和可维修性管理四个方面。直升机应急维修理论主要包括故障评估研究、装备直升机应急维修技术研究、维修备件供应研究等。这是一套将从直升机设计制造到应急维修融为一体的维修理论,它虽增加了直升机设计制造的难度,却大大提高了直升机的生存能力和可维修性,这既便于备件的供应又提高了维修效能。对维修理论的研究是故障直升机得以快速维修并迅速重新投入战斗或自救的理论保障,是飞行能否成功的重要因素。

8.1.1　加快直升机新机型的研制,提高直升机的性能

加强直升机新机型的研制及装备的加装、改装工作,努力提高直升机的整体技术性能,逐步适应环境变化的需求。目前,在陆航现役直升机中,多数为运输保障型直升机。近年来,部分进行火控设备的加改装工作,实现了由运输保障型到野战攻击型的转变,但由于直升机的整体性能不高,自我防护能力不强,不能满足维修的要求,更不能适应飞行的需求,给直升机的应急维修带来诸多困难。因此,我们必须立足现有条件,按照维修的要求,加快对直升机新机型的研制和新设备的加改装工作。

8.1.2　努力提高单机装备保障的信息化水平

一要尽快完善单机定位和自救系统,实现单机定位跟踪、调度监控和自我

导航。二要积极探索远程技术支援的方法和方式,研制直升机维护保障远程技术支援系统,对执行任务的机组人员自己难以诊断和修复的故障,借助数字化通信网,向上级技术人员请教,维修基地可通过先进的无线电通信网对其进行维修指导并实施远程技术支援,从而提高直升机的野战保障水平。三是建立音视频传送系统,音视频传送系统可实现网络语音和视频信息的全方位实时交流,可使后方指挥人员及时了解前线战况及兵力部署,从而制定下一步飞行方案,同时若该直升机故障可在第一时间通知维修人员准备维修器材并制定维修方案,还可以通过该系统向修理专家求教修理方案。该系统安装了无线网桥密码机可实现信息传输加密、安全认证和访问控制、密钥更换和管理、安全监控和审计、密码机注册注销管理和安全密码防护等,如图 8.1 所示。

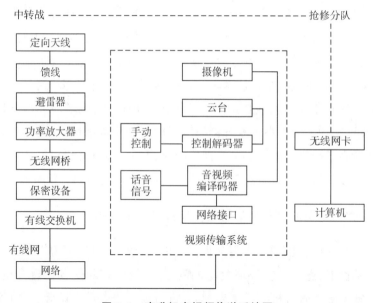

图 8.1　直升机音视频传送系统图

8.2　完善故障评估辅助系统

8.2.1　直升机故障评估专家系统

8.2.1.1　直升机故障评估专家系统的主要功能

（1）确定故障的等级和修理的级别

将故障检测得到的信息,如故障的外形、尺寸以及所在部位等情况输入计算机后,可自动确定故障的等级和修理的级别。

(2)估算维修工时

根据修理现场的实际条件,针对需维修的故障,估算修理工时。

(3)制定修理方案

根据输入的故障和现场修理条件等信息实时地为维修人员制定最佳的修理方案。

(4)修理强度计算与校核

根据需要自动进行修理强度计算与校核。

(5)数据储存与查询

储存直升机各构件的几何、材料、载荷和评估标准等特性数据,并可根据需要查询、修改和增删数据。

此外,有的还能进行直升机持续飞行能力和修理力量部署模拟,即根据直升机报废率、故障率、修复率、飞行强度等,模拟飞行直升机持续飞行能力和应部署的修理力量等。

8.2.1.2　直升机故障评估专家系统的基本组成

为了完成上述功能,直升机故障评估专家系统可由五大功能模块和三个库组成,如图8.2所示。

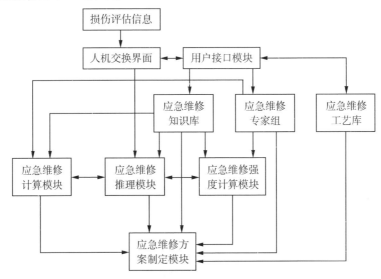

图 8.2　直升机故障评估专家系统图

（1）推理模块

推理模块是本系统的核心部分,其功能是确定故障能否被修理和可修复的级别及方式等。

（2）修理工时计算模块

修理工时是制定修理方案的一个重要参数,也是确定故障直升机能否维修的一个重要依据。为了比较准确地估算修理工时,需综合考虑多种因素:首先,确定基本工时,这可在规定的基本工作条件下统计得出;然后,考虑许多随机因素的影响,修正基本工时而得到实际的修理工时。其计算公式为

$$T_{总} = T + (T_1 - T)S_1 + (T_2 - T)S_2 + \cdots + (T_n - T)S_n$$

$$= T[1 + (T_1/T - 1)S_1 + (T_2/T - 1)S_2 + \cdots + (T_n/T - 1)S_n$$

(8.1)

（3）修理强度计算与校核模块

哪些故障可不修理,哪些故障可采用无强度修理,哪些故障必须采用有强度修理,通过本模块计算来确定。

（4）维修方案制定模块

维修方案制定模块能综合运用其他模块分析、判断计算的结果以及知识库的知识与数据库的数据制定出最佳的修理方案。

（5）用户接口模块

用户接口模块主要用于人机交互和对知识库、工艺库、数据库进行的编辑与维护。通过该接口模块不但可方便地增加、删除、修改库中的规则与数据,还可以自然语言对话的形式,进行人机交互,输入故障检测得到的信息。

（6）知识库

将专家级知识进行分类和量化,并存入知识库中。其中包括各种故障类型与程度、修理类型与方式、修理某种故障所需的人员及其技术条件、修复等级、基本工时统计值及各种随机因素影响的修正值等。

（7）工艺库

用于储存各种故障修理的工艺。工艺内容包括适用范围、修补方式、所需工具与设备、消耗器材、有关规范、操作步骤等。

（8）数据库

用于储存机体各部位的几何、材料和载荷等特性参数。

8.2.2 直升机故障评估远程支援系统

为实现直升机应急维修信息化、智能化和网络化,为维修技术咨询机构提供远程服务、辅助维修指挥决策提供先进、快捷、实用的技术手段,特别是在飞行期间为充分利用前后方直升机维修的智力资源,建立直升机故障评估远程支援系统是很有必要的。该支援系统由软件和硬件两大部分组成。

软件部分是直升机故障评估远程支援系统要完成所需功能的主要部分,其主要功能如图 8.3 所示,其中专家系统是核心部分。

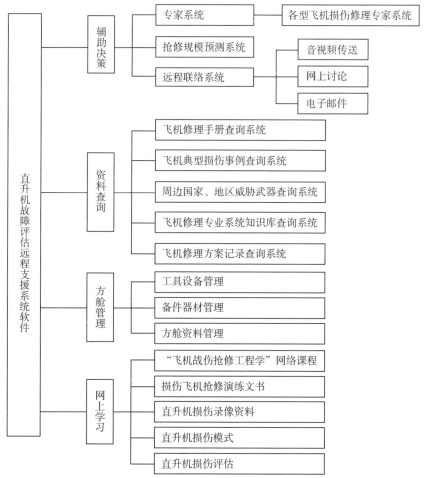

图 8.3 直升机故障评估远程支援系统软件部分组成及主要功能

硬件部分主要是要建立无线局域网。采用无线入网技术的优点：一是可移动性，它提供了不受线缆限制的应用，维修者可以随时上网；二是容易安装、无须布线，大大节约了建网时间；三是组网灵活，即插即用，维修人员可在修理现场迅速将其加入到所需的有线网中，非常适合频繁变化工作场合的直升机应急维修工作。

（1）主要功能

①采用无线局域网技术，实现维修方舱中的计算机及方舱周围维修队的笔记本电脑与有线网的无线连接。

②采用音视频传送、网上讨论和电子邮件等方式，加密传输现场图像与声音等信息，远方专家可实时参与维修方案的制定。

（2）建网原则

①有很强的抗干扰能力。所选择的无线产品应能将信号扩展到很宽的频带上。因其抗干扰能力与频带的扩展倍数成正比，频谱扩展得越宽，抗干扰的能力越强。

在扩展频谱技术中，数据基带信号的频谱被扩展至几倍甚至几十倍后，被搬移至射频发射出去。在接收端对扩频信号进行相关处理即带宽压缩，恢复成窄带信号。对干扰信号而言，由于与扩频伪随机码不相关，则被扩展到很宽的频带上，使进入信号通频带内的干扰功率大大降低，相应地增加了相关器的输出信号/干扰比，因此具有很强的抗干扰能力。

②可进行多址通信。采用扩频通信技术，实现多址通信方式，实现移动中自动和不同的无线接入点通信，多点之间漫游，保持数据链路不断。

③安全性好。采用直序扩谱（DSSS）无线频率技术，抑制干扰信号，降低信号功率谱密度，提高系统的抗干扰性。同时采用网桥密码机和登录密码控制，使一般用户只能访问数据，而高级使用者可修改数据。有些无线产品还为数据安全提供了 128 位的有线等效保密技术，其安全性与传统的 LAN 相当。

④野战性能好，适应能力强。在固定、机动及野战环境下均可展开作业。信号传输距离根据需要确定，覆盖范围要广。

⑤可靠性高。平均每两次故障时间（MTBF, mean time between failure）大于 3000 h。

（3）系统组成

①直升机故障评估远程支援系统包括计算机、无线网络系统、IP 网关、视频传送系统和网桥密码机等,该系统硬件连接关系如图 8.4 所示。

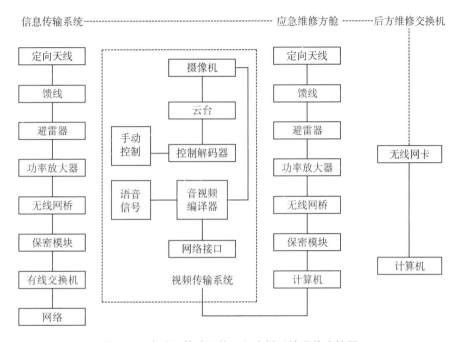

图 8.4　直升机故障评估远程支援系统硬件连接图

②无线网络系统。该系统由无线网桥、功率放大器和天线等组成。

无线网桥设备用于局域网之间的数据传输及 IP 电话通信。为保证数据传输的安全性,可采用直序扩谱无线频谱技术和 128 位的有线等效保密（WEP）技术,可保证安全性与传统的有线 LAN 相当。

为扩大无线局域网的传输距离,可选用较大的功率放大器,将无线信号进行放大。

天线根据需要采用全向天线和定向天线。

③IP 网关。IP 语音网关利用互联网络代替传统的长途电话线路,实现用户间的异地电话通信。例如,CNG2000 型 IP 语音网关,不仅可实现多种灵活的接入方式和通信配置,而且可在较恶劣的条件下正常工作,并具有良好的通话质量和抗干扰能力。

④音视频传送系统。音视频传送系统可实现网络语音和视频信息的全方位实时交流,可使后方修理专家迅速参与修理方案的制定。音视频传送系统主要由视频采集、计算机控制和无线网络传输设备三部分组成。

视频采集包括可用计算机控制的云台和高性能、多功能的摄像机。摄像机专为通过 IP 网络的远程视频监控而设计,可提供高质量的 MPEG4 视频压缩,可在 10/100M 网络上实现每秒传输 25 帧(PAL 制式)的速度,可使用 ISDN、PSTN 或 XDSL 路由器在局域网(LAN)、广域网(WAN)或因特网上进行扩展,可以选择 RTP/IP,UDP/IP,TCP/IP,或组播 IP 协议。

计算机控制包括带有音视频服务的工控机、系统集成软件、视频软件和摄像机控制软件。

音视频传输子系统应具有下列主要特点。

A. 配置简单。可利用普通的计算机、标准的视频摄像头、耳机和麦克风,通过网络进行音视频实时通信。

B. 音视频通信效果好。系统采用先进的音视频编码。视频编码采用 MPEG4,它是一种广泛适用于多种带宽条件下的视频压缩算法。音频压缩采用 G. 722. 1,它压缩率高、语音质量好。

C. 浏览器协同浏览。提供浏览器协同浏览功能,当主机打开一个页面,客户机可以同步浏览。

D. 支持防火墙。使系统的安全性获得更可靠的保证。

⑤无线网桥密码机。无线网桥密码机是为互联网络、无线网络信道远程信息传输提供加密保护。其硬件由主机系统、高速以太网卡、高速加密卡、逻辑加密 IC 卡、物理安全保护装置、电子硬盘和电源等组成。软件平台是一种专用安全操作系统软件。

无线网桥密码机的主要功能有信息传输加密、安全认证和访问控制、密钥更换和管理、安全监控和审计、密码机注册注销管理和安全密码防护等。

8.3 加强演练仿真,提高应急维修能力

伴随着计算机图像技术、网络技术的进步,虚拟现实(VR)成为仿真技术迅速发展的一个重要技术支持。以仿真目的来区分,演练仿真可分为构

造仿真、原理仿真、综合演练。通过演练仿真可以拟定合理的拆装工艺路线,提高维修的效率和质量;并可结合图形图像、传感器和人工智能等技术,对虚拟直升机实施虚拟维修,从而拟定合理的维修顺序与重点,估计维修时间验证维修工艺的合理性和效果。另外,可确定和分配各级维修范围内的维修工作量、维修人员数量以及各种保障资源等;同时还可以对各级维修力量的维修工作及他们之间的资源共享、协作调度等进行仿真,以获得最高的维修效率。

通过设置近似实际背景的多种形式的维修保障训练活动,使在艰苦、危险、紧张、复杂的环境下仍能保持协调准确的操作,使应急维修具有较强的适应性和应变能力,才能真正形成强大的飞行能力。加强维修、自救能力训练,适应复杂环境下应急机动保障特点。采取"两个为主,两个结合"的维修方法:现场维修为主,换件为主;定点和巡回相结合,军队和地方相结合。着重进行快速维修等课目训练,提高在野外、严寒、戈壁及各种地形复杂、气候恶劣的条件下的快速维修能力,总结出简单、正确、快速、高效的维修方法,形成一支快速检测评估、快速拆装换件、快速修复的维修队伍。

8.4 提高装备保障水平,加速直升机应急维修课题的研究

如何正确认识直升机保障工作面临的新挑战,加速发展步伐,适应新时代直升机维修保障的需要,是直升机应急维修所肩负的任务。因此我们必须紧紧围绕在复杂环境条件下的直升机应急维修,着眼装备特点,大胆探索实践,创新保障模式,突破保障难点,实现直升机保障能力的整体跃升。

8.4.1 以信息化带动装备保障精确化发展

保障装备是直升机维修能力的主要物质基础。近年来,世界直升机事业的加速发展,给装备保障观念、方式、手段都带来了深刻的影响和变化,使装备保障展现出新的发展趋势。

未来复杂环境条件下的直升机应急维修是数字化应急维修,保障是信息化保障。这一深刻变化给未来直升机保障带来了新的要求,正在促使一些发达国家对后勤装备保障的编制、模式、指挥控制等方面进行新的研究试

验,让后勤装备保障依托"全资可视化"信息平台,以信息流引导物资流、技术流,达到适时、适地、适量、高质量的保障效能,实现保障的即时化、综合化、精确化和经济化。实现"精确化保障"的主要手段是全资可视化技术,它利用扫描器、射频标签、条形码、数据库及其依托的因特网,达到对各种保障资源的数量、种类、状态、位置及运输手段全维可视。欧美等发达国家后方信息处理中心以不足 1 000 人的数量,即可通过全维可视达到全程可控,比较精确地保障了美国行动,显示了全资可视化技术的应用潜力。同时应引起重视的是,由于信息化飞行的不确定因素较多,飞行强度、持续时间、飞行使用保障装备的数量和种类,在飞行前难以精确计算,因而精确保障更多地体现在具体飞行任务,在总体布局方面比较难以把握。例如,美国没有预计伊拉克重建时间这么长,造成消耗品补充困难。

8.4.2　紧贴实际,探索构建快速高效的保障新模式

着眼紧急特殊飞行任务需求,形成以专业应急、维修队伍为主体,专项保障小组相配套的保障新模式,实现由适应训练保障向适应飞行保障转变。急特飞行保障,是对直升机保障工作的一项基本要求。针对机载设备使用频繁、机械设备维修任务繁重等特点,应打破建制界限、专业界限,按照"合理配置、快速高效"的要求,对保障人员进行优化编组,对工作岗位进行科学设置。在严格落实岗位责任制的基础上,组成机械维修、高氮补充和排故等专项保障小组,采取定人、定岗、定责和定时的措施,确保各项保障工作有序、高效地进行。

着眼未来飞行保障需求,形成"效能型编组"的伴随保障新模式,从实际需要的角度讲,只有具有野战化的保障能力,才谈得上真正的保障能力。因此,为满足实际需要,直升机应急维修必须实现从厂区化向野战化、从固定保障维修向机动保障维修的转变。未来飞行保障时效性强,工作量大,头绪多,组织指挥复杂,对独立保障能力要求很高。根据未来飞行需求,按照"少而精、小而全"的要求,针对不同的飞行机组、飞行编队保障规模。合理调配保障资源,充实保障技术骨干,形成相应的保障模式。

着眼分散防护保障任务需求,形成以建制中队保障为单元的独立新模式,实现由集中保障向分散防护独立保障转变。分散防护条件下装备保障,

是航空飞行装备保障的基本要求,为未来多任务要求打下了基础。

着眼大强度持续保障任务需求,形成"滚动保障"新模式,实现由常规保障向大强度持续保障转变。未来飞行装备工作复杂,人员易疲劳,精力易分散。对此,在保障模式上,突破现行的机组专责制的保障办法,实行双机组保障责任制,双机组共同准备,轮换作业,重叠交接,使保障人员有充足的精力实施持续保障。在组织管理上,制作工作统筹图。明确各部门的工作程序,确保各个环节衔接得上,并且有序展开各项工作。

着眼备件需求实现装备保障网络化。美国于 1990 年 12 月初,花费 2 亿美元在海湾地区安装了电脑系统,可跟踪、查找、确定异地仓库存放备件情况,还可通过卫星与美国本土及西欧空军仓库联系来获得备件信息,再利用战略与战术空运工具进行快速供应备件。从发出申请到急缺备件送达地区不到 1 h,即使从美国本土调拨也不超过 24 h。可见,装备保障实现网络化后,备件可实现资源共享,同时也大大提高了效率,为直升机应急维修赢得了宝贵的时间。

8.4.3　积极攻关,着力解决制约飞行保障能力的关键因素

努力改进维修保障手段,不断提高飞行保障效能。以改进维修保障手段为突破口,按照快速高效的要求,研制改进小型化、综合化、智能化的设备,加快对应急维修工具装备的研制。研制出一批具有体积小、质量轻、便于拆装、便于携带、一物多用特点的装备,便于机动和疏散隐蔽,能在无电源、无水源、无厂房等艰苦条件下进行野战作业的便捷高效的应急维修工具设备,是故障直升机得以快速修复、有效保证,并且要优化保障作业程序,提高装备保障效益。

深入开展飞行保障研究,增强复杂环境下实施保障的适应能力。根据担负的任务,充分发挥高层次装备人才的作用,立足现实,着眼最复杂最困难的复杂环境条件下保障环境,选准研究重点和主攻方向,明确研究课题,采取激励、跟踪问效等方法,重点围绕飞行保障、多机种一起保障方式开展专题研究。

8.4.4　打牢综合保障基础

从直升机飞行安全的紧迫性要求出发,直升机应急维修必须打破按部

就班的思维模式,变"渐进式加速"为"跨越式提升",但是装备保障水平的提高,应急维修飞行能力的生成、巩固和提高,不可能靠几次突击性的训练就可以一蹴而就。必须着眼长远,打牢基础,从保障理论、规章制度、配套设施、人才等各个方面进行系统规划和建设。

抓信息化建设,注重软硬件配套。按照总部、军区的统一部署,本着"整体规划、分步实施、完善配套"的总体建设思路,抓紧了信息化硬件、软件配套建设,着力在信息的搜集、处理、传输和应用上寻求新突破、新发展。一是建立网络管理中心,将局域网延伸到整个营区,并与相关装备部门的终端连通,各终端可根据权限浏览最新维修信息,接收网上下发指令,提高装备保障指挥管理的自动化水平。二是研制开发直升机发动机状态监控系统,对直升机发动机使用情况、周专检工作进行逐日预报;开发航空维修信息化管理网页,涵盖了人员、装备、资料、工具管理等信息;研制开发电子履历本,使每架直升机的基本使用数据和所做的工作都能进入计算机数据库,维修人员可以在作业现场随时阅览,为取消手工填写创造了条件;研制开发了工具集中管理、油液分析和油液金属含量趋势监控等软件,提高了保障效率。三是购置条码打印机、扫描枪等设备,制作多功能身份识别卡,在卡面上列出各专业最重要的维护数据,并可根据不同颜色区分维护水平。

抓质量安全建设,注重技术措施配套。坚持质量第一、安全第一、预防为主的原则,在认真落实装备法规的基础上,不断完善配套相应技术措施。一是制定完善预防装备质量问题的措施。充分发挥飞行参数、油液监控和智能探伤等先进技术手段的作用,加强对发动机的探伤检查以及重点机件、关键部位的检查维护,及时发现和查处重大质量问题。特别对批次性重大质量问题,采取跟踪监控的措施,把住质量安全关。二是制定完善的预防人为差错的措施。针对维修保障实际,制定防火、防丢失、防错忘、防故障、防伤人、防碰撞、防污染、防漏项和防带多余物品飞行等措施,并狠抓落实。三是制定完善季节性预防措施。针对驻地季节特点,主要抓直升机在炎热雷雨季节和阴雨潮湿季节的预防措施的制定和落实,在传统做法的基础上,总结出炎热雷雨季节防过热烧坏机件、防雨水进入机件造成短路、防雷击故障等"三防"措施及阴雨潮湿季节"盖、堵、密、涂、吹、晾、包、查、烤、换"等 10 字维护法,增强预防工作的针对性和有效性。

8.4.5 优化保障体系更新维修思想

优化技术保障维修体系结构,形成整体合力。从加强直升机快速维修方法的研究入手,制定和完善直升机装备保障和抢救方案,进而优化管理机制和技术保障人员结构,规范维修任务、维修方式和维修监控。逐步建立拥有高素质技术骨干,融管理、维修为一体,上下衔接的快速维修保障队伍。以确保直升机在任何时间、地点发生故障后,都能得到有效维修。

更新维修思想,突破传统的维修思想。维修已不再是一种辅助手段和应急措施,而是飞行能力的再生部分是关系飞行安全的一项重要任务。以定期维修为主的预防性维修思想,对于早期的装备是比较合理的,对于简单的机械及零件也是比较合理的,其对我国直升机飞行、直升机维修曾起到重要的积极的作用。但对于直升机而言,随机故障才是最危险的。实践证明,定期维修对于排除随机故障无效。以可靠性为中心的维修是直升机维修理论的核心。通过对装备可靠性诸因素的分析,科学地确定维修工作项目,优选维修方式,确定合理的维修周期,只做必须做的维修工作,使直升机的可靠性得到恢复,同时又能节约维修时间和费用。

传统维修管理模式和维修设施在很大程度上已不能满足飞行的需要。因此,建立一套科学规范、优质高效且融管理、维修、资源保障为一体的综合保障体系来满足技术保障的要求已迫在眉睫。必须建立一套含故障分析、故障评估、故障修复、维修法规、维修组织管理、维修性理论等完善的维修理论。

8.5 积极培养应急维修人才队伍

在复杂环境下直升机的故障率在15%~25%,而随着科技的发展在复杂环境下飞行中故障率会进一步增大。以100架直升机飞行,每个维修分队12人,2个维修梯队为例。一次飞行中有15~25架直升机故障,这样一个维修梯队就需要180~300人,两个维修梯队共需360~600人,由此可见维修人员数量急需补充。

维修人员除要具有很高的政治素养和较好的心理素质、较高的文化基础、较强的专业理论和专业管理知识外,还要具备决策、组织指挥和应急维修的实际技术操作及对新知识的获取、探索创新的能力。因此必须加快装备人才队伍建设。一方面要把从飞行员、空勤人员到一般机务人员组织起来进行应急维修基础训练,维修人员进行"一专多能"训练,把有限的人力资源整合起来增强维修队伍。另一方面要尽快设置装备维修学科,军队院校应尽快开设装备维修专业,构建人才培养目标,确定人才培养方案。陆航团队要抓好装备保障人员的基础训练,在按纲施训的基础上,结合各种机型的特点,针对直升机技术含量高、专业工种多、技术繁杂等特点,广泛采取上下结合、军地结合、训保结合等方法,重点抓好专业技术人员利用新工艺、新技术的保障训练,拓展新工艺、新思路。

抓人才队伍建设,注重结构配套。重点抓好装备指挥管理、技术干部和一线人员等三支队伍建设。坚持在学科技、钻理论、打基础上下功夫,实现"尽快适应、解决急需"的岗位需求;坚持从装备挖潜、科研攻关和技术创新入手,实现"提高层次、整体优化"的建设要求;坚持开放育才、岗位成才,实现"拓展规模、超前储备"的人才发展构想。搞懂吃透新装备,实行滚动式人才培养模式,按照"尖子带骨干,骨干带群体"的滚动式培养方法,采取"全员普训、骨干轮训、尖子深训"的培养路子,合理开发配置人才资源,打牢直升机应急维修的人才基础。

总之,人与保障装备都是飞行保障能力的基础,并且人是飞行的主体,是飞行、保障能力最关键、最活跃的因素,未来飞行安全是技术与环境的较量,是保障装备的比拼,是人才素质、经济实力的对决。因此必须把应急维修、装备保障、人才培养作为飞行训练的根本大计来抓,不断提升飞行能力,才能使直升机在未来航空事业发展中不断取得胜利。

参考文献

［1］HESS J W. Aircrft Danage Battle Repair-A Force Multiplier［J］. Aero-space America,1992,8(30):45.

［2］陈学楚. 现代维修理论［M］. 北京:国防工业出版社,2003.

［3］张建华,等. 飞机战伤抢修工程学［M］. 北京:航空工业出版社,1999.

［4］朱小冬,刘广宇,葛涛. 信息化作战装备保障［M］. 北京:国防工业出版社,2007.

［5］王世明. 计算机原理及军事应用［M］. 北京:军事谊文出版社,1998.